After Effects

移动UI动效设计

案例精粹

汪兰川　刘春雷　著

人民邮电出版社

北　京

图书在版编目（CIP）数据

After Effects移动UI动效设计案例精粹 / 汪兰川,
刘春雷著. -- 北京：人民邮电出版社，2017.6（2021.2重印）
ISBN 978-7-115-45540-6

Ⅰ. ①A… Ⅱ. ①汪… ②刘… Ⅲ. ①移动电话机—人
机界面—程序设计②图象处理软件 Ⅳ. ①TN929.53
②TP391.413

中国版本图书馆CIP数据核字(2017)第098219号

内 容 提 要

　　本书共分为6个部分，24个精彩制作案例，每一部分先介绍重要的知识点，然后借助具体的示例进行讲解，步骤详细、重点明确，手把手教你如何进行实际操作。书中全部制作案例围绕移动 UI 动效设计展开，由易到难、由浅入深，步骤清晰、简明、通俗易懂，适用于不同层次的制作者。书中提供了与案例相对应的各类素材，读者可以根据需要进行练习和使用。

◆ 著　　　　汪兰川　刘春雷

　　责任编辑　赵　轩
　　责任印制　焦志炜

◆ 人民邮电出版社出版发行　　北京市丰台区成寿寺路 11 号
　　邮编　100164　电子邮件　315@ptpress.com.cn
　　网址　http://www.ptpress.com.cn
　　固安县铭成印刷有限公司印刷

◆ 开本：720×960　1/16
　　印张：17
　　字数：377 千字　　　　　　　2017 年 6 月第 1 版
　　印数：5 701－6 500 册　　　2021 年 2 月河北第 5 次印刷

定价：59.00 元
读者服务热线：(010)81055410　印装质量热线：(010)81055316
反盗版热线：(010)81055315
广告经营许可证：京东市监广登字20170147号

前　言

继计算机、互联网后，移动互联网已成为 IT 业的第三次浪潮向人们袭来。随着移动 3G、4G 网络的成熟与推广，以及移动设备硬件技术的发展，各种移动终端用户群体有了显著增加。移动设备作为一种新的媒介，在人类生活中开始扮演着重要的角色。移动互联网产品的社交化、位置化以及移动化特性吸引了大量用户，越来越多的用户开始使用并依赖各种移动互联网产品。随着移动互联网产业的兴起，移动客户终端已经成为移动互联网中一项重要产业，吸引了国内外众多企业的关注，同时促使大量公司投入人力、物力去进行移动互联网产品的设计开发。越来越多的企业将产品移植至各种移动操作平台上，将移动互联网作为公司后续的发展方向。然而，虽然国内外有大量的设计团队进行移动客户终端的移植与设计，但作为新兴事物的移动客户终端由于相对产生时间较短，在其设计中并没有一套完整的设计流程提供理论上的支持。多数设计团队在照搬 PC 端软件开发流程或 Web 网站开发流程进行设计的过程中，已经发现了设计流程过长、设计无法根据市场做出敏捷改变等不足之处。

移动客户终端界面设计中全新的动画为界面视觉感受带来"深度"和"活力"。界面图形的动态效果也通过创新表达出视觉空间的新维度。以往，我们在进行交互设计的时候，大部分时间是基于界面和功能逻辑的考虑，也适当地进行了交互效果的考虑。那么我们如何把交互的动态效果直观地表现出来呢？除了用 Axure 做出交互的动态效果，PS 绘制 GIF 图，代码设计动效外，还可使用一个非常容易上手的工具，那就是 After Effects（AE）。After Effects 是 Adobe 公司推出的一款图形视频处理软件，利用 After Effects 基于层的工作方式，可以非常方便地调入 Photoshop、Illustrator 等"层"文件，对多层图像进行控制；关键帧、路径概念的引入，使 After Effects 对于控制高级的二维动画游刃有余；而令人眼花缭乱的特技、特效系统，更能够实现使用者的设计创意。

本书以 UI 动效为出发点，结合精彩的制作案例详尽解析，深入分析讲解了 After Effects 的各个功能和命令，内容涵盖界面、工作流程、工具、菜单、常用视窗、其他视窗、如何使用特效、特效应用、第三方特效插件、层、遮罩、动画关键帧、文本效果、3D 效果、表达式、渲染、输出等诸多知识要点。本书共分为 6 个部分，24 个精彩制作案例，每一部分先介绍重要的知识点，然后借助具体的示例进行讲解，步骤详细、重点明确，手把手教你如何进行实际操作。书中全部制作案例围绕移动 UI 动效设计展开，由易到难、由浅入深，步骤清晰、简明、通俗易懂，适用于不同层次的制作者。书中提供了与案例相对应的各类素材，读者可以根据需要进行练习和使用。

汪兰川　刘春雷

二零一七年春 写于沈阳盛华苑

目　　录

PRAT 1　移动 UI 动态效果与 After Effects 概述

》1　移动UI动态效果设计概述

1.1　UI和UE的基本概念

　　UI 即 User Interface（用户界面）的简称，从字面上看，用户界面不但包括"用户的界面"，还包括"用户与界面"的含义，涉及用户与界面的交互体验。但不管是用户的界面还是用户与界面，视觉始终是它们的落脚点。移动 UI 的概念是建立在 UI 之上，移动互联网产品中的 UI 便是移动 UI。

　　移动 UI 设计是指对移动产品软件的美化与设计，包括人机交互、操作逻辑与界面美观的整体设计。而移动 UI 视觉设计是移动 UI 设计的一部分，是针对移动产品界面美观的设计。移动 UI 视觉设计是移动产品的"门面"，必须考虑产品的物理特性和软件的使用特性。要考虑移动产品的尺寸、重量、屏幕大小等物理特性和考虑什么人群使用，什么人群对此感兴趣，是否满足用户需求，用户使用是否方便等使用特性。这些特性使得移动 UI 视觉设计不仅要对构图、色彩搭配、排列、版式设计等视觉设计方面进行思考，而且还必须对页面层级转换效果、对象动态效果、交互的视觉引导等交互层面进行思考。

　　用户体验（User Experience，UE 或 UX）是指"产品或服务中，用户所能体验到的各个部分，涉及用户对产品的认知、寻找、分类、购买、安装、服务、支持以及升级的各个方面。在当今的移动互联网产业中，一些产品项目经理没有意识到用户体验的重要性，在项目开发中并不采用以用户为中心的设计理念，对他们而言，用户体验设计仅仅是对产品的美化，甚至一部分项目主管会认为用户体验设计是对项目资金及项目时间的浪费。他们将产品设计交由程序员来完成，程序员由于站在编程技术人员的角度思考，在设计时会优先考虑编程效率，而不是使产品去迎合用户或使用者的需求。并且，程序员在项目组中更多的是主要负责程序代码的编写，几乎没有时间与用户进行交谈，在不能详细了解产品的一般用户时即会将自身假定为产品的一般用户，这就造成了用户模型的偏差，使得产品仅适用于类似程序员自身的具有较高电子设备操作能力的用户，而不是去迎合更广泛的一般用户。

　　在数字电子科技迅速发展的背景下，各类相关产品之间的竞争激烈。用户在使用中的感想和体验，已成为宣告竞争局势状况的晴雨表，势必能够影响数字电子产品的开发者的发展前景。对于 UI 设计师而言，他们需要对 UI 界面实施不断的更新和优化，使其更能够满足用户的操作习惯和情感倾向，为用户提供呈现能力更为高效、更为精准的界面设计，同时满足其在审美体验和使用体验上的要求。今天，UI 设计存在着设计过程形式化，设计理念浅薄化的问题。在当下新科技的发展和互联网信息的膨胀的环境下，滋生出了 UI 界面承载能力与互联网环境信息量之间的矛盾和新的科技与当下 UI 设计理念之间的矛盾。信息传输速度的提升加速了信息量的增长速度，导致了 UI 界面中信息混乱的问题。新科技的发展过程中旧的 UI 设计理念中的弊端逐渐凸显。

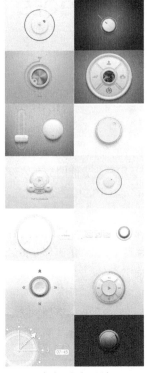

移动 UI 图标设计

1.2　用户体验的5个层级

　　用户体验要素可以以一个模型图来表现，模型图将用户体验划分了 5 个层级，从下到上分别是：战略层、范围层、结构层、框架层和表现层。

　　（1）战略层：战略层是企业寻求自身发展而制定的目标，也是企业根据对自身的一个长期发展的规划与期望而制定的方针政策，为此需要明确用户期望与产品目标。良好的用户体验要求企业能够明确自己的战略，通过分析用户的期望与产品目标来制定自己将要发展的目标方向，并且明确用户期望与产品目标也是企业在用户体验方面的全面方针制定的一个基础出发点。

　　（2）范围层：明确好目标，下一步就是要做出来。用户体验的范围层也就是明确产品的功能、特性，确定出符合用户期望与目标的产品应该包括哪些内容，且具备什么功能或者特性。范围层是思考应该给用户呈现哪些内容的一个过程，在这个过程中要始终贯穿着一个信念，那就是用户想要什么，我们就呈现什么。

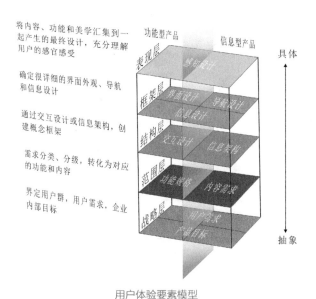

用户体验要素模型

（3）结构层：用户体验的结构层是开始执行实施的阶段，是明确用户期望与产品目标后创建一个结构思路的过程，是对用户期望与产品目标的一个梳理与整合，并且在梳理这些层级关系和交互设计模式时，要站在用户的角度，理解用户的行为习惯、思考方式。

（4）框架层：框架层是对结构层的进一步提取与完善。框架层也可以说是原型层，是将前面的战略层、范围层、结构层的一个原型展现，通过软件绘制出交互模式、界面细节的分布、信息内容等。如果将结构层比喻成骨骼的话，那么框架层就是依附在骨骼上的关节、肌肉。

（5）表现层：表现层也就是最终呈现给用户的视觉层。上述所有的用户期望、产品目标、结构框架等都会通过这层来展现，这一层是用户接触到的第一层，所以表现层的视觉设计是非常重要的，无论是文字排版、配色方案还是整体布局等在这层都需要细细考究，除了完成基本的信息传递外，同时还能满足用户的不同审美需求是表现层的最终目标。

1.3 用户体验的需求层次

全世界大约有 70 多亿的人口，不同的皮肤、不同的语言、不同的文化形成了各色各异的人，即使是同一个国家，同一个地区的人，也会因为周围的环境或者接受教育的不同形成不一样的性格，每一个人都有不一样的需求，根据马斯洛需求层次理论的研究方法，可以推断出用户体验的需求层次关系。

（1）感觉需求：感觉需求就如同马斯洛需求里的生理需求，是一个最基本的需求。感觉需求通过人的视觉、听觉、触觉、肤觉等去感受外在的物质而产生的一种需求。这种需求必然是好的需求，比如生活中人们会选择精致的外包装、舒适触感的产品等，而不是丑陋的外表、手感粗糙的产品。

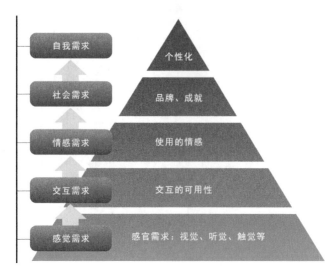

用户体验层次理论梯状图

（2）交互需求：交互需求可以理解为我们常说的产品的能用与易用。能用是一个产品的基本功能，是指用户能在正常的情况下完整的使用该产品；而易用则是用户与产品交互过程中的一个更高层次的需求，旨在交互过程减去繁琐冗长、不必要的步骤，达到易用、简单的交互需求。微信没改版时，曾有一个实时对讲的功能，但是因为步骤太繁琐而被大家放弃使用，甚至至今很多用户都不知道这个实时对讲到底该怎么操作，满足不了用户对简单交互的需求。

（3）情感需求：随着经济的发展、消费水平的提高，用户对商品不仅仅是基本功能的需求，还期待使用产品时能带来愉悦的感受，满足用户的情感需求。用户会对产品产生某种情感的寄托，或是某种心理上的认同感。不同的用户会有不一样的情感需求，如女性因自身的细腻、浪漫等性格特点，在消费时会更加注重产品的品牌寓意、色彩带来的美感需求等，而男性则更加注重功能与便捷的需求。

（4）社会需求：社会需求是满足用户感觉、交互、情感这些基本的需求后出现的更高层次的需求，也是产品在满足基本的功能时还能为用户体现其社会地位的额外需求，特别是现代经济的迅速发展，生活物质的丰富，人们不需再为温饱问题而发愁，人们根据自身的经济条件购买名牌衣服、名牌手表、名牌包等，不仅仅是功能的需求，更是人们利用品牌效应去体现其社会地位的一个社会需求的追求。

（5）自我需求：是对自我个性的一种特殊需求，可通过非大众化的设计或者限量的产品来满足用户对个性化的追求。自我需求的用户一般具备不墨守成规的性格，对创造力的事物保持着极高的兴趣。鉴于用户对个性化的追求，市场上逐渐出现了各种个性化的定制服务，如个性化餐厅、个性化酒店、个性化婚礼、个性化礼品盒等。

1.4　移动 UI 交互设计中动态体验表达

通常我们利用手指在界面上的操作来完成我们预期的结果，一般界面上的点击方式主要有单击（Tab）、双击（Double Tap）、拖动（Drag）、滑动（Flick）、横扫（Swipe）、放大（Pinch open）、缩小（Pinch close）、长按（Touch & Hold）等。

（1）单击（Tab）：单击是指在界面的有效范围内，用手指进行单击的交互动作。单击是界面中最常用的点击方式，类似于我们使用鼠标时光标控制在电脑界面有效范围内单击鼠标左键的过程。

单击

（2）双击（Double Tap）：双击是指在界面的有效范围内，用手指进行两次单击的交互动作。一般用于图片或者页面的放大与恢复原图大小，也用于短信文字编辑时的激活。

双击

（3）拖动（Drag）：拖动是指手指长按界面中的页面或者可拖动的移动条进行拖动，在到达指定位置后松手，完成拖动的交互过程。

拖动

（4）滑动（Flick）：滑动是指手指在屏幕接触面上不断地移动，以达到界面的切换、图片的移动或者界面的上下翻页等。

滑动

（5）横扫（Swipe）：横扫手势主要运用在激活界面中隐藏的菜单栏，通过向左、向右或者上下方向的横扫，弹出菜单列表。

（6）放大（Pinch open）：放大一般用于查看图片细节或者阅读文章时字体太小时，可以单击界面中放大镜图标实现放大的操作，或者是使用双指同时反方向拉伸来实现放大的效果，其中后者的交互方式使用较多。

放大

（7）缩小（Pinch close）：缩小是与放大手势相对的一种交互方式，实现与放大相反的交互效果，缩小图片或者阅读的页面，在有的界面中，缩小也可以是关闭当前页面的交互命令。

缩小

（8）长按（Touch & Hold）：长按手势是现在界面的交互方式中运用的比较多的手势，长按通常可以激活页面里隐藏的编辑模式，例如长按图标时，可出现删除程序、移动程序、程序组合排列等模式；长按文字时，可出现复制、收藏、删除文字等命令。长按图片时，也可出现复制、转发、收藏、删除图片等命令。

1.5　动态界面的切换方式

移动 UI 界面设计要求向用户传递信息的过程中，通过合理的空间表现或隐喻来呈现界面的层级结构和相互关系，将空间深度变化为能帮助传递一定信息的视觉表达元素，其存在意义的核心是"层次"和"秩序"。界面设计可以有效地利用动态图形，通过有组织、有目的的设计理念和设计手段把时间与空间串联，结合现实中的三维空间及时间，从而扩大界面视觉语言的表现力。由于手机在其屏幕尺寸大小以及交互方式与 PC 端的差异性，用户在与界面交互时常常需要面对界面切换的操作，界面通过用户的点击或者滑动等手势来完成切换。

为了给用户带来好的交互体验，设计师一般会采用平滑过渡的方式来引导用户完成界面的切换。这些方式主要有：平行滑动切换、旋转切换、变形切换、黑色背景切换、放大切换、多种方式同时使用等。

（1）平行滑动切换：平行滑动是界面中最常用也是接受度最高的切换方式，由于手机屏幕大小的限制，平行滑动让视觉达到一个屏幕延伸的错觉，在界面设计上要求达到风格统一，在平行滑动时使用户觉得界面是一个连续的整体。

（2）旋转切换：旋转切换一般指界面采用 180° 旋转的方式切换到下一个界面，如微信相册就采用了这种方式，方便用户查看相册的评论内容，旋转后就点击完成回到无评论的相册图片中。

（3）变形切换：变形切换类似于旋转切换，是对界面进行一个旋转或者压缩的变形，最后再恢复成正常的大小过渡到下一个界面。一般这种方式在界面中运用的很少，主要在手机开机或者关机的界面中会经常用到，变形能够增加界面切换时的趣味性，但不适合在点击率高的界面使用，容易增加软件的内存以及消耗用户的忍耐度。

（4）黑色背景切换：一般黑色背景切换的方式用户不会轻易地发觉，因为黑色背景的停留时间非常短，不仔细看的话会认为是直接弹出了下一个界面，在手机游戏的界面中会经常用到黑色背景的切换，单击 play 或者 settings 的按钮时，会出现 0.5 秒甚至更短的黑色背景的切换，一般不易察觉。

（5）放大切换：放大切换一般用于单击小的图标或者按钮等元素后，向完整的界面切换的过渡。

（6）多种方式同时使用：一些界面为了达到某种特定的效果，往往需要借助多种切换的方式来完成，比如在平行滑动的同时也可加入放大的效果，以达到最佳的、生动自然的使用效果。

▶2　After Effects概述

2.1　After Effects软件简述

After Effects 是由 Adobe 公司出品，能够兼容 Adobe 公司的其他软件，具备优良的兼容性，可以方便地导入 Photo Shop、Illustrator 等软件的文件，并能完整地保存层的存在，从而对图像中的层进行控制。After Effects 中的蒙板、遮罩、滤镜等功能能够实现创作者的创意，并能进行三维层的转变，而且还可以创建灯光和摄像机，实现三维功能，从而将二维和三维融合，在 After Effects 中把不同的图层素材进行拼合，创造完美的视觉效果，制作出美轮美奂的设计作品。

After Effects CC

After Effects 与 Photoshop 存在很多的相似性，可以说 After Effects 实现了 Photoshop 无法完成的动态效果，因此学习 After Effects 前掌握 Photoshop 的应用技巧十分重要，掌握了 Photoshop 中的技巧对于 After Effects 的应用打下了坚实的基础。

UI 视觉设计中对空间的探求主要是形态和形态之间在视觉上形成的框架关系，将这种框架关系设置在二维平面空间（指高、宽二维）的状态之中。有时也能在二维平面的基础上表现出带有纵深感的三维立体空间（指高、宽、深三维）的效果。它需借助明暗、色彩、透视等多种表现手法才能达到，这样的空间效果使界面中形态的构架关系显得更为复杂和丰富。

随着 After Effects 软件版本的不断更新，对计算机硬件的要求也越来越高。如果硬件配置跟不上，会影响到整个操作的效果，严重的会出现经常死机或重启的现象。对于大多数初学者或在校的学生来说，计算机升级的速度永远没有软件升级的速度快。如果刻意保持计算机配置与应用软件版本同步的话，在经济方面也是一笔不小的开支。因此，建议初学者或在校的学生安装精简版软件或绿色软件，因为精简版软件或绿色软件会占用较小的系统资源，虽然有些特殊功能没法应用，但是对于一些普遍的动态效果制作来说已经足够了。

2.2 After Effects软件应用特点

（1）多层剪辑

无限层电影和静态画面的成熟合成技术，使 After Effects 可以实现电影和静态画面无缝的合成。

（2）高效的关键帧编辑

After Effects 中，关键帧支持所有层属性的动画，After Effects 可以自动处理关键帧之间的变化。

（3）无与伦比的准确性

After Effects 可以精确到一个像素点的 6‰，可以准确地定位动画。

（4）强大的路径功能

如同在纸上画草图一样，使用 Motion Sketch 可以轻松绘制动画路径，或者加入动画模糊。

（5）强大的特技控制

After Effects 使用 85 种软插件以修饰、增强图像效果和动画控制。

（6）强大的兼容性

After Effects 同其他 Adobe 软件的无缝结合。After Effects 在输入 Photoshop 和 Illustrator 文件时，保留层信息。

（7）高效的渲染效果

After Effects 可以执行一个合成在不同尺寸大小上的多种渲染，或者执行一组任何数量的不同合成的渲染。

2.3 After Effects的工作界面

After Effects 通过对导入到项目中的素材进行组合，按时间排序将图层进行叠加来完成工作。启动 After Effects 后将会有一个新项目自动建立，而要进行片头制作需要打开或建立一个合成图像窗口——合成（Composition）窗口，即在 After Effects 中经过加工的作品当打开或建立一个合成图像窗口时，同时打开的还有一个与它相对应的时间线窗口，After Effects 中的大部分制作要依靠这两个窗口完成。在 After Effects 中，基本窗口和面板有项目（Project）窗口、合成（Composition）窗口、时间线（TimeLine）窗口、效果和预设（Effects & Presets）面板、工具（Tools）面板、时间控制（Time Controls）面板、音频（Audio）面板。此外，After Effects 还可以通过菜单命令来控制更多的细节。

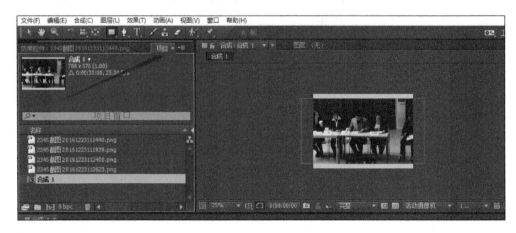

项目（Project）窗口

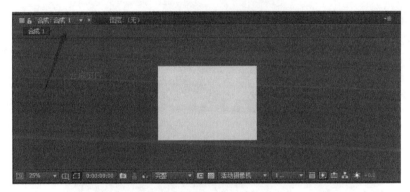

合成（Composition）窗口

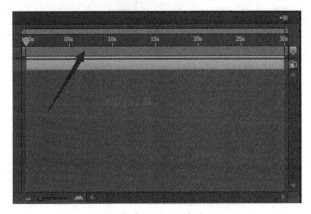

时间线（TimeLine）窗口

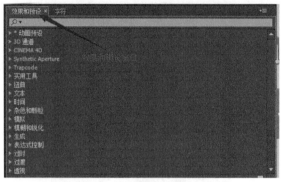

效果和预设（Effects & Presets）

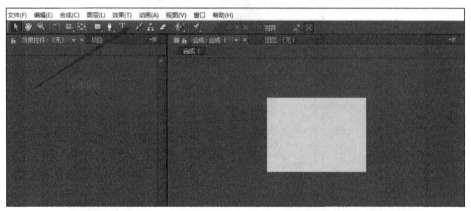

工具（Tools）面板

时间控制（Time Controls）

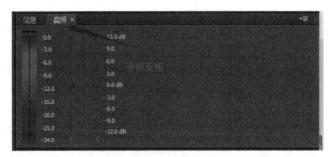

音频（Audio）面板

2.4 After Effects动画制作应用

应用 After Effects 制作动画的基本操作技巧对 After Effects 进行操作，首先需要建立一个项目，并在项目中添加各种所需要的素材，然后建立合成图像，并在合成图像视窗中进行一系列操作，如动画、效果等，最后还要对制作好的影片进行渲染。其中除建立项目文件、层的操作、制作动画这样的基本操作外，对于素材的通道设置、建立合成图像、制作蒙版和效果等都有一些使用技巧。

1. 素材的通道设置

素材引入后，根据所引入的素材文件类型的不同，还需要进行一些相应的设置。如果所引入的素材包含有 Alpha 通道，通常需要确定通道类型。

若由 After Effects 决定通道类型，选择 Guess。若想丢弃透明度信息，选择 Ignore。若认定该通道为 Straight 通道，选择 Treat As Straight。这类通道的透明信息保存在一个单独的通道中，其他色彩通道中不包含透明信息。若认定该通道为 Premultiplied 通道，选择 Treat As Premultiplied。这类通道的透明信息除了保存在 Alpha 通道中外，也保存在色彩通道 R、G、B 中。Straight 类通道更有利于高精度色彩的产生，而 Premultiplied 类通道更有利于与应用程序的兼容。如果 After Effects 无法判断所引入素材的通道类型，它将自动弹出对话框，可以在此对话框中设置通道类型。

2. 建立合成图像

建立新的合成图像的方法如下：首先单击主菜单中的 Composition，执行其中的 New Composition 命令，便会弹出一个设置对话框，其中包含了合成图像的一些关键信息。用户可根据实际需要进行设置，如合成图像的名称、帧的尺寸、像素的百分比、分辨率、帧速率、持续时间等。要注意以下两点：

（1）帧尺寸越大，预示和渲染时所耗费的时间也就越多，所以不要设置过大的帧尺寸。

（2）After Effects 提供了 4 种可供选择的分辨率。若想渲染合成图像中的每一个像素，则选择 Full。而 Half、Third 和 Quarter 依次渲染合成图像的 1/4、1/9 和 1/16 的像素。使用 Full 得到的图像质量较好，但所需渲染时间也最长。Half、Third 和 Quarter 的质量不如 Full，但耗时相对较少。用户可根据实际需要确定所需分辨率。例如，制作初期，完全可以选用 Third 或 Quarter，从而节约大量的时间，等后期制作时再选择质量较高的 Full 和 Half。

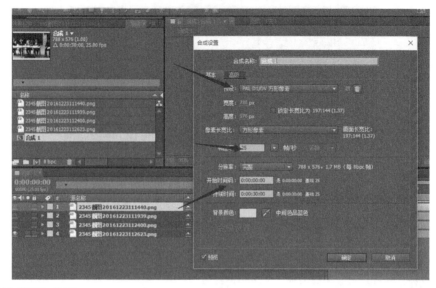

3. 制作蒙版和效果

蒙版与效果是 After Effects 中的关键技术。利用蒙版和效果，可以将多个画面叠加在一起，或对颜色、亮度等属性作特殊处理，从而产生神奇的视觉效果。

在 After Effects 中，可以直接建立蒙版，并把它应用到其他合成图像中。用户可以利用已建立好的矩形蒙版、椭圆形蒙版和 Bezier 蒙版。Bezier 蒙版的形状为手画的多边形，它所受的限制最少，可以随意建立，产生形状丰富的蒙版。对合成图像的某一层添加效果，可以先在时间布局窗口中或者合成图像窗口中选择一个层，然后在 Effect 菜单中选择一个效果组，再从子菜单中选择一个效果。

2.5 After Effects的层模式

　　After Effects 中的层模式和 Photoshop 中的层模式效果是相同的，一幅好的平面设计，必不可少地会应用到层模式，但其运用在 After Effects 中更为广泛和灵活。另外 Photoshop 中所应用的层模式，可以原封不动地带到 After Effects 中来。通过设置不同的层模式，可以带来意想不到的合成效果，极大地丰富 After Effects 画面的色彩表现方式。After Effect 中的合成（Composition）窗口相当于 Photoshop 中的画布，时间线（Timeline）窗口相当于 PS 中的图层面板。

合成（Composition）窗口

时间线（Timeline）窗口

　　在 After Effects 中可以将层想象为透明的玻璃，它们一张张地叠放，通过改变透明度来显示下方的层，然后这些层在时间线中按时间进行排列，从而进行工作，达到设计制作的需要，并且能够将层进行分裂和复制等。在 After Effects 中，层的透明信息存放在 Alpha 通道内，当层的 Alpha 通道不能满足透明要求时，则利用 Mask 遮罩、Mattes 遮罩层、Keying 键来达到显示或隐藏层的内容的目的。

Mask遮罩

Mattes遮罩层

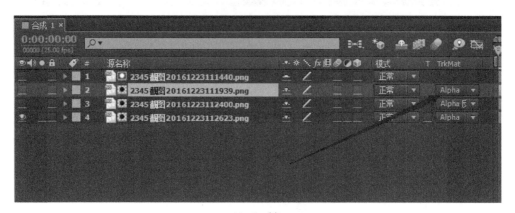

Keying键

　　除此之外，层模式通过层的叠加组合，来产生非凡的视觉效果。层模式用来控制一个层怎样融合到它下面的层。其中，Stencil 和 Silhouette 层模式用来影响下面的 Alpha 通道，其他层模式则影响某些颜色的显示。同时应用越来越广泛的抠像插件日益增加，如 Primatte Keyer、Key Light，这些插件操作简单，支持 16bit 颜色控制，对于一些包含透明、烟雾、头发丝等复杂的图像有较好的键控效果。

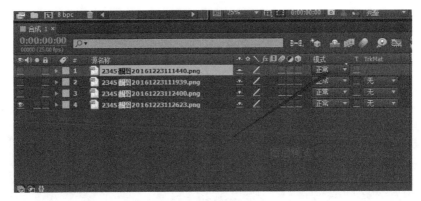

Stenci层模式

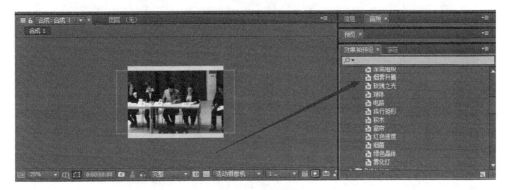

Silhouette层模式

After Effects 可以通过对层的持续时间的改变，改变动态效果动画的播放速度，对动画做慢动作播放或快进播放。一般情况下，通过时间延伸（Time Stretch）命令可以非常方便地改变层的持续时间，修改影片播放速度。当需要更自由的时间控制时，例如制作影片由快到慢地过渡或者瞬间加速等特效时，可以使用时间变化（Time—Remapping）技术。该技术可以拉伸、压缩、反向播放或令层的一部分静止。

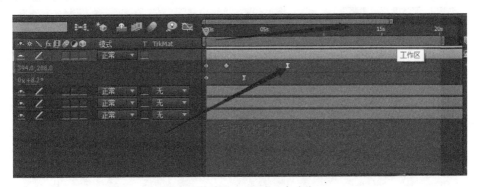

时间延伸（Time Stretch）命令

　　After Effects 中可以通过对关键帧的设置实现对对象属性的变化，基本动画有 5 种：轴心点（Anchor point）设置、位置（Position）设置、比例（Scale）设置、旋转（Rotation）设置、不透明度（Opacity）设置。通过这些设置可以实现动画效果，灵活使用这些设置便可以制作出惟妙惟肖的作品。

轴心点（Anchor point）设置

位置（Position）设置

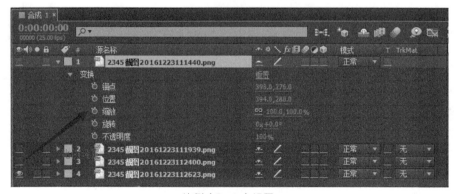

比例（Scale）设置

旋转（Rotation）设置

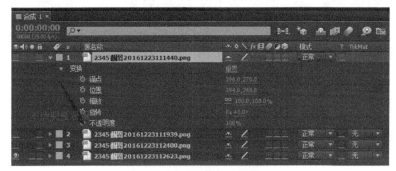

不透明度（Opacity）设置

2.6　After Effects插值

　　After Effects 还可以通过线性（Linen）插值、贝塞尔（Bezier）插值、连续贝赛尔（ContinuousBezier）插值、自动贝赛尔（AutoBezier）插值、静止（Hold）插值等方式对关键帧进行控制。插值可以使关键帧产生多变的运动，使层的运动产生加速、减速或者匀速等变化。通过时间线窗口中速率图或速度图，也可以对层的动画进行精细地调整。速率图提供所有空间值（如位置）、速度图提供所有非空间值（如旋转）在合成图像中的变化率的全部信息以及值的控制。在合成图像窗口中，运动路径上点的间隔显示速度的变化。在速率或速度图中，高度变化意味着速度的改变：值增高表示速度增加，值水平表示速度正常。同时曲线上点的密集程度，也表示速度变化：点越疏则速度越快，点越密则速度越慢。

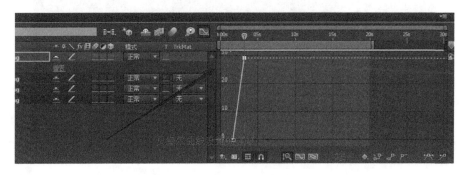

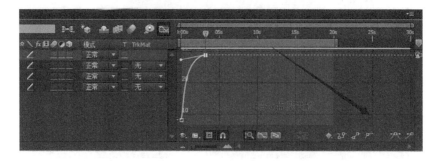

2.7　After Effects插件

　　After Effects 效果所能达到的单独视觉程度与我们在 Photoshop 所看到的相当，除此之外还能反映效果的变化过程。After Effects 的特技效果，是通过效果插件（Plug_in）来实现的，这些插件都放在 After Effects 安装目录下的 Plug_in 路径中。和其他动画一样，通过为效果的属性参数设置关键帧，即可实现效果的动画。After Effects 可以为一个层设置多个特技效果，甚至还可以为音频指定效果。除了 After Effects 自带的效果，作为影视后期工业标准的 After Effects 拥有最广泛的第三方支持，几乎所有合成软件的插件都首先支持 After Effects，其他合成软件也都兼容 After Effects 插件 AEX。著名的 After Effects 第三方插件有 Bori sFX、DigiEffects、Eyecandy 等。此外 After Effects 可以直接应用 Photoshop 的插件，所以目前市场上为 After Effects 提供的插件是极为丰富的。

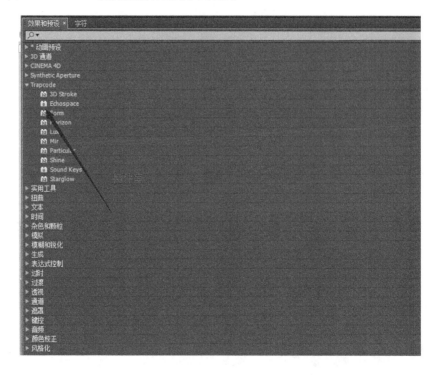

2.8 渲染与导出

完成动态效果动画的编辑合成之后，最后一步需要将完成的影片渲染输出。After Effects 可以以多种格式输出影片，例如各种格式的视频文件或序列图片。通过外挂插件，After Effects 还可以输出适用于其他平台的影片，具有广泛的兼容性。

UI 动态效果演示动画制作有很多东西是有套路可循的，所以可在平时先将一些格式化的元素制作出来，在需要的时候可以直接调用这些素材，节省创意、制作和渲染的时间，缩短制作的周期。制作中注意细节的处理。片头制作是一门艺术，是完全靠细节取胜的工作，因此，需要有耐心，点滴修饰，不断充实完善制作内容。同时在制作中不但要注意画面内容上的细节的设计，还要注意画面和音乐剪辑的流畅性、细心地调整三维和后期合成软件中的每一个关键帧参数等技术上的细节，只有这样才能制作出画面丰富、结构严谨、让人赏心悦目的演示动画效果。

PRAT 2　制作加载进度动态效果

在PART2中，我们将主要针对After Effects的基本功能操作进行学习，通过对基本工具和基本特效的掌握来完成UI中常见的加载进度动效。

在本部分的前两个案例中，我们将主要学习【新建】这一基本功能，其中包括合成及各类图层的新建方法、遮罩层的新建方法、预合成的新建方法等；其次我们需要重点掌握【线段端点】的更改方法、遮罩层【TrkMat】的设置方法、【关键帧】的设置方法、【滑块】特效的应用方法、【父子链接】的应用方法、【表达式】的应用方法、【编号】效果的应用等最常用的特效手段；同时，在运用After Effects制作动效的过程中，我们需牢记一些常见快捷键的使用，为日后的After Effects制作带来便利。

在本部分中，在复习前两节的重点知识的同时主要学习了【效果与预设】中的常见特效，其中包括【擦除】特效的应用方法、【渐变】特效的应用方法、【编号】特效的应用方法、【阴影】特效的应用方法等，通过以上特效的设置及应用完成数字加载的效果；另外一方面，我们还需要重点掌握【导入】PSD素材的方法和【渲染】合成的方法，这两个功能是After Effects制作中最常用的两个基本功能，必须熟练掌握并应用。

▶案例1　制作简单的加载进度条动态效果

01 打开After Effects，首先在面板区域单击鼠标右键，选择【新建合成】，在【合成设置】面板底部，将【背景颜色】设置为黑色。

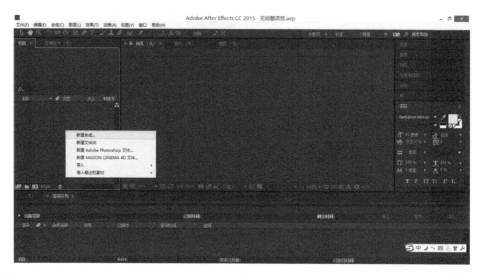

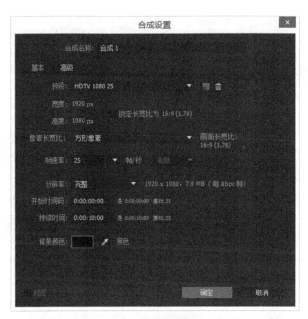

02 首先要画出进度条的轮廓，选择上方工具栏中的【钢笔】工具。注意【描边选项】里选择【纯色】而【填充选项】里则选择【无】，如图所示。而旁边的【像素】可以调整为【50】（或更大，以此调节进度条的粗细）。

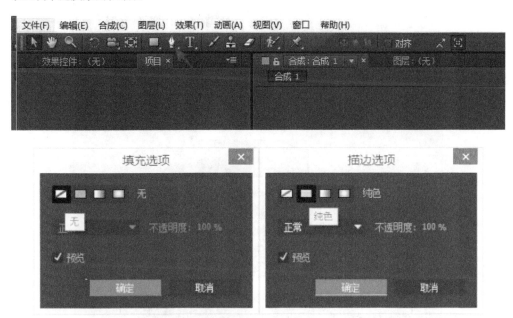

03 接下来就是画进度条，在背景上运用钢笔工具点一个点，再按【Shift】键，点另一头的点，进度条的轮廓就出来了，如图所示。

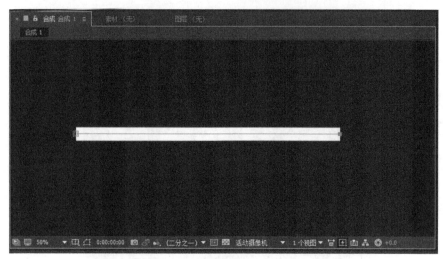

04 在左下角的合成面板里，选择【内容】→【形状 1】→【描边 1】，在【线段端点】的选项里选择【圆头端点】，进度条如图所示变成圆头。

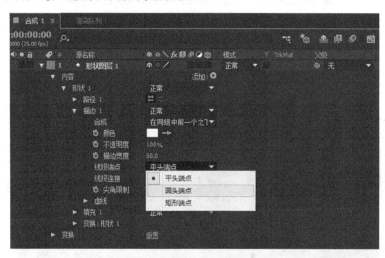

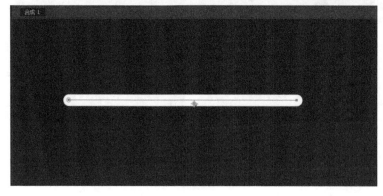

05 接下来要做进度条前进的效果。首先还是跟第一步一样，再新建一个合成，然后将"合成1"的页面向下拉到"合成2"的页面两次（注意是两次！），如图所示。

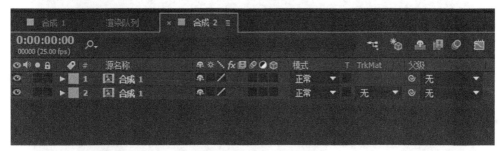

06 单击图层最前方的【眼睛标志】将第二层设为不可见，接着选择"合成1"（一定要选中在"合成1"上）。

07 按快捷键【Ctrl+Shift+N】新建遮罩层，再按【Ctrl+T】画出选区，此时会出来个框，将框向左拉伸，拉到起始位置，如图所示。

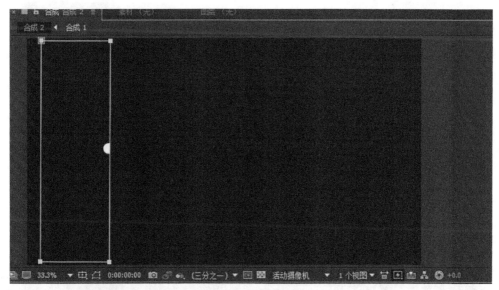

08 单击第二层的【眼睛】按键将第二层"合成1"设置为可见，这一步需要做出进度条慢慢向前伸长的感觉。首先选到下面的"合成1"，按位置快捷键【P】，会出现【位置】属性，然后

将图形位置向左拉，直到覆盖起点位置，如图所示（只要向左拉动横坐标的数字即可）。

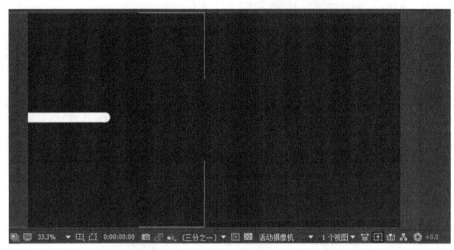

09 在【位置】的【小闹钟按钮】处单击，选择关键帧，达到如下效果。

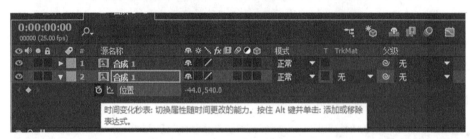

10 将时间滑块拖动到你想要截止的时间点，再运用拉横坐标的方法，将整个进度条拉回原处，能与起始位置的进度条重合即可，如图所示。

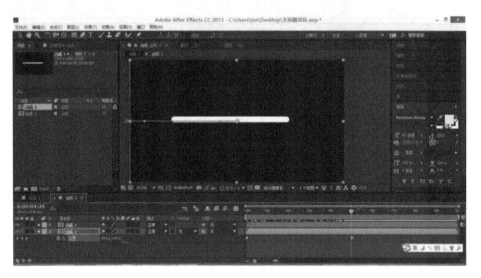

11 回到"合成 1"的界面，复制"合成 1"到"合成 2"的面板中，并且将其放到最上层，如图所示。

12 将下面的两个"合成 1"全部选中，然后单击鼠标右键，选择【预合成】，并单击【确定】按钮，形成如下状态。

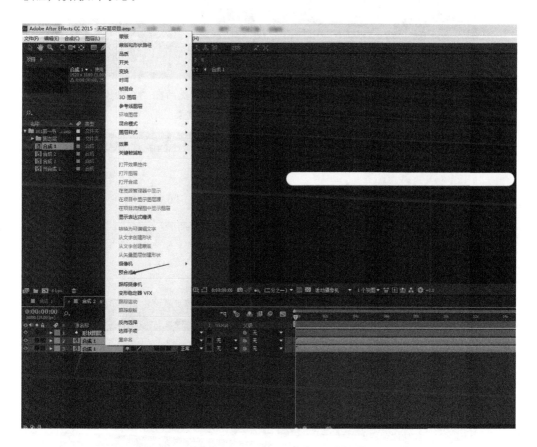

13 单击"预合成 1"层【TrkMat】下方的【下拉三角标志】，选择【亮度遮罩"形状图层 1"】，如图所示。

14 为了做出进度条的轮廓，新建一个合成命名为"合成 3"。然后在"合成 3"面板空白处单击鼠标右键，选择【新建】→【纯色】→【确定】，得到如下效果。

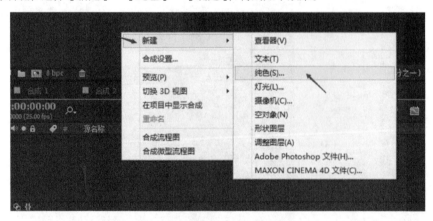

15　回到"合成 2"的大面板，将大面板"合成 2"中的"形状图层 1"复制到"合成 3"大面板中。
同样再将纯色设置为【亮度遮罩"形状图层 1"】得到如下效果。

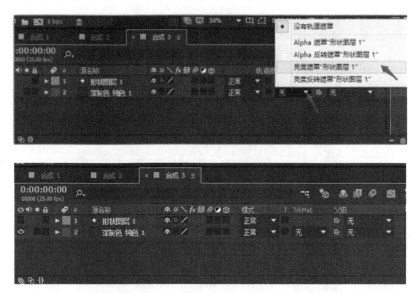

16　在"深灰色 纯色 1"选中的情况下单击鼠标右键，选择【图层样式】→【描边】，选择白色
（其他颜色也可以，看个人喜好）。

17 将左上方的"固态层文件夹"向下拖动到"合成 3"大面板中。

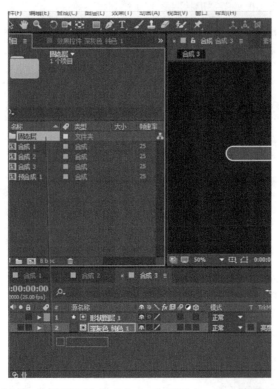

18 将左上方做好的"合成 2"拉到下方的"合成 3"面板上，并且放到最上层，得到如下效果。至此，一个简易的进度条就做好了（可以按空格来预览一下效果），下面需要做百分比。

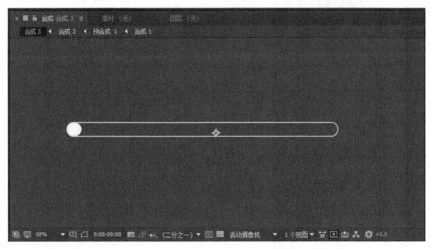

19 运用上方的【文字工具】在你想要得到数字百分比增长的地方打上数字【01】，然后在"合成 3"大面板中单击鼠标右键新建【空对象】，如图所示。

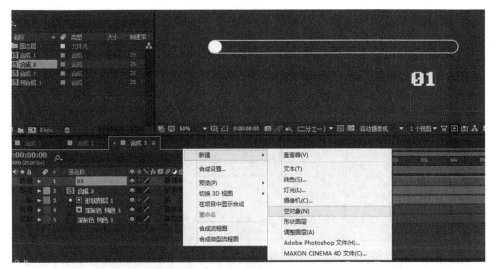

20 单击【效果】→【表达式控制】→【滑块控制】。

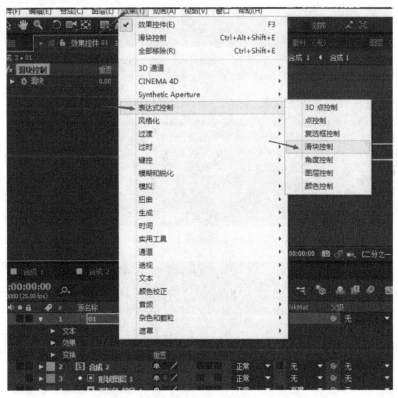

21 将【时间指针】拖动到 0，单击效果控制台中【滑块】前的【小闹钟标志】创建关键帧，再把【时间指针】拉到结束时间，将数字【0】改为【100】。

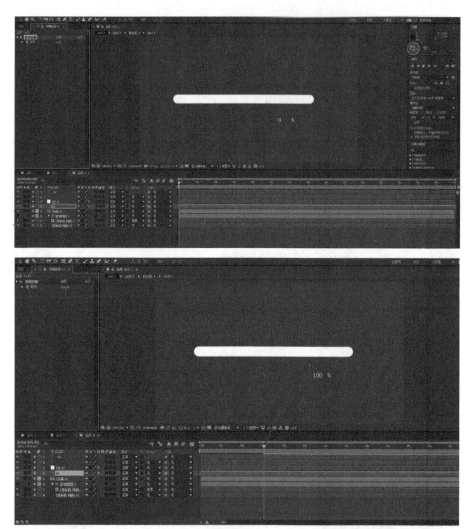

22　在文字"01图层"中单击【文本】→【源文本】→【Alt+ 左键】进入表达式，如图所示。

23 鼠标左键长按"源文本"后的【旋转图标】拖曳至上方【滑块】效果处,将文本与控制滑块相连接,如图所示。

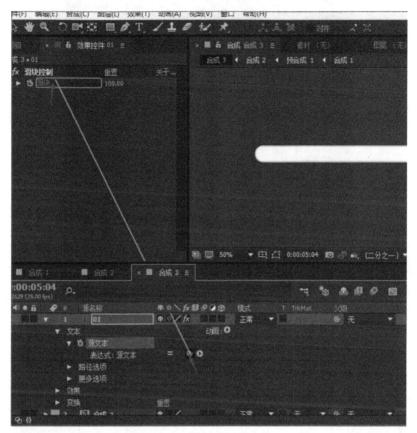

24 单击【表达式】,在表达式最前方输入"Math.round()"。注意:括号需要用英文括号 (),后括号需要涵盖所有,在表达式的最后。

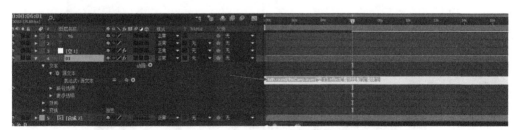

25 至此,一个简单的进度条就做好了。

▶案例2 制作一个具有电极效果的进度条

01 打开 After Effects,首先在面板区域单击鼠标右键,选择【新建合成】。

02 在"合成1"上画一条线，选择 After Effects 面板上方菜单栏中的【钢笔工具】,【填充】选择【无】,【描边】选择【固态色】,【像素】设定为【90】像素。

03 长按住【Shift】键在面板上拉出一条直线。

04 此时合成面板中会自动形成一个"形状图层"，单击选中这一图层，选择【内容】→【形状1】→【描边1】，在【线段端点】的选项里选择【圆头端点】，此时进度条将变成圆头。

05 再回到项目面板，单击右键新建"合成 2"。

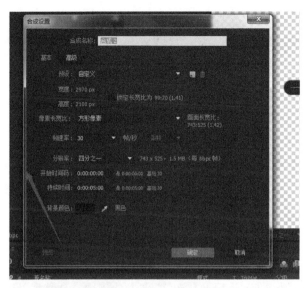

06 双击打开"合成 2"，从项目面板中把"合成 1"拖动复制到"合成 2"中两次，如图所示。

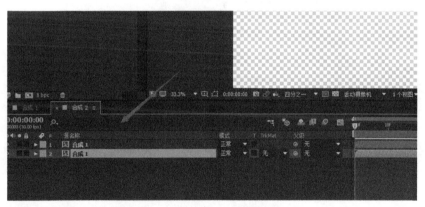

07 单击第二层"合成 1"中前面的【眼睛】标志，关闭"合成 1"的可视性。

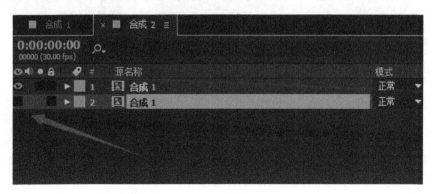

08 按快捷键【Ctrl+Shift+N】新建遮罩层，再按【Ctrl+T】画出选区，此时会出来一个框，将框向左拉伸，拉到起始位置，如图所示。

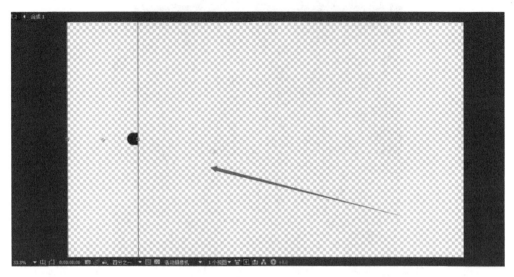

09 单击第二层"合成 1"的【眼睛】标志，并选中第二层。

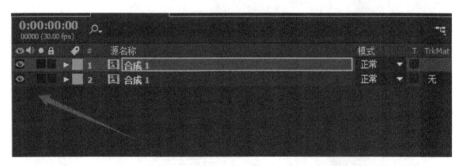

10 按【P】快捷键打开第二层"合成 1"的位置属性。

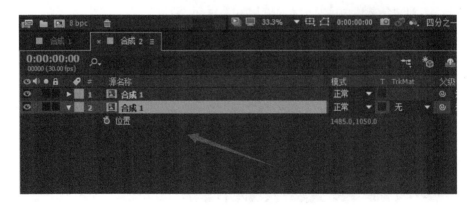

11 把【时间指针】调节至零秒零帧处，然后调节图层二的位置，将其调节至与图层一重合，如图所示。

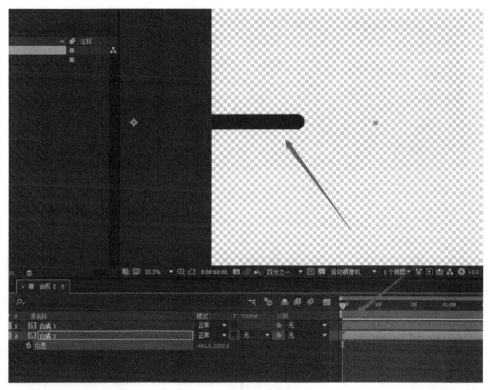

12 将【时间指针】调节至在第 4 秒的地方，单击第二层"合成 1"位置属性前的【小码表】标志设置关键帧，并将位置调节至起始位置。

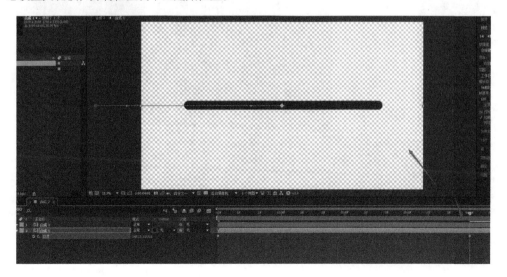

13 打开"合成 1"将"合成 1"中的"形状图层"按【Ctrl+C】复制，回到"合成 2"，再按【Ctrl +V】粘贴到"合成 2"中。

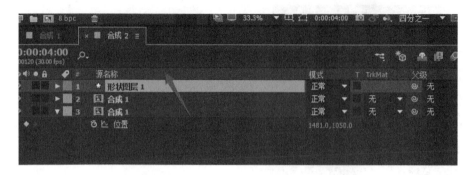

14 将下面的两个"合成 1"全部选中，然后单击鼠标右键，选择【预合成】，并单击【确定】按钮，形成如下状态。

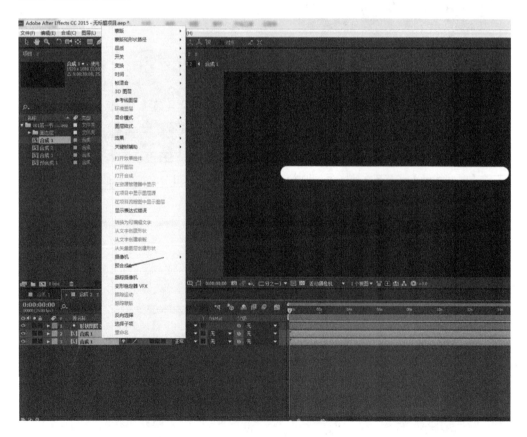

15 单击"预合成 1"层【TrkMat】下方的【下拉三角标志】，选择【Alpha】，如图所示。

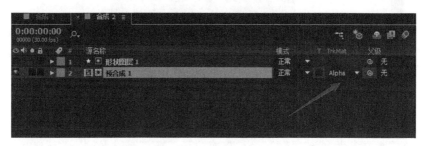

16 新建"合成 3"。

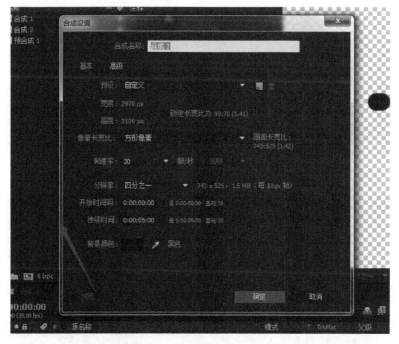

17 打开"合成 3"，在合成面板中单击鼠标右键，选择【新建】→【纯色】新建一个纯色图层。

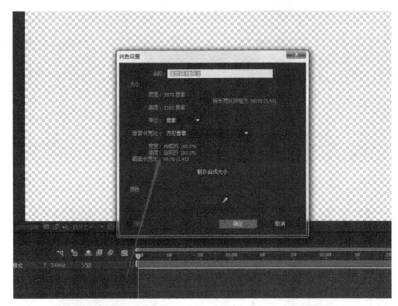

18 将"合成 2"中的形状图层复制粘贴到"合成 3"中，并调节至顶层。

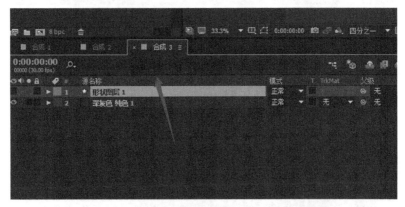

19 重复第 15 步，在【TrkMat】一栏中，将"纯色图层"改为【Alpha 模式】。

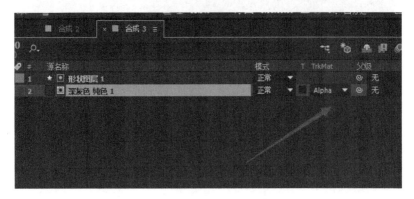

20 右键单击"纯色图层",选择【图层样式】→【描边】。

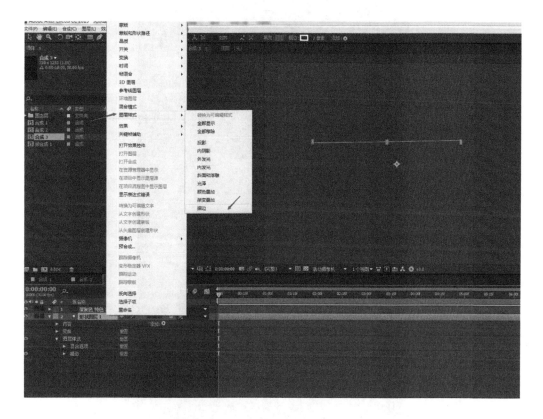

21 单击【描边】项,在【颜色】选项后更改喜欢的颜色。

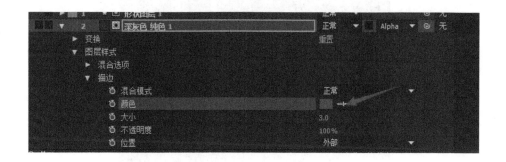

22 将项目窗口中的"固态层"拖动到"合成 3"里。

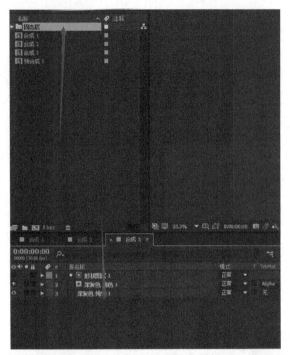

23 将项目窗口中的"合成 2"拖动到"合成 3"里，并调节至图层最上方。

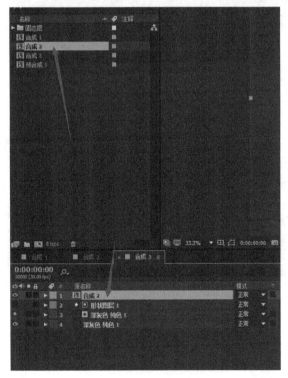

24 在【效果和预设】工具栏中，搜索【编号】，单击选中【编号】，并将【时间指针】调节至零秒零帧处，单击效果控件中【数值】前面的【小码表】标志设置关键帧，将【数值】调整为【0】，将【时间指针】调节至 4 秒处，将【数值】改为【100】。

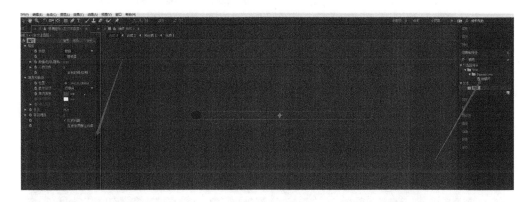

25 选择【文字工具】，写入"%"，并调节好两者位置。

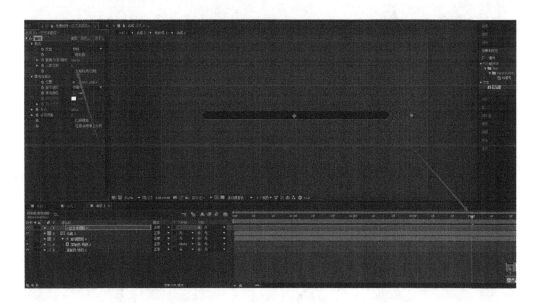

▶ 案例3　制作彩虹效果圆形装载动态效果

01 打开 After Effects，在项目窗口单击右键，选择【导入】→【文件】导入 PSD 自制素材图层，导入种类为【合成 - 保持图层大小】，图层选项为【合并图层样式到素材】。

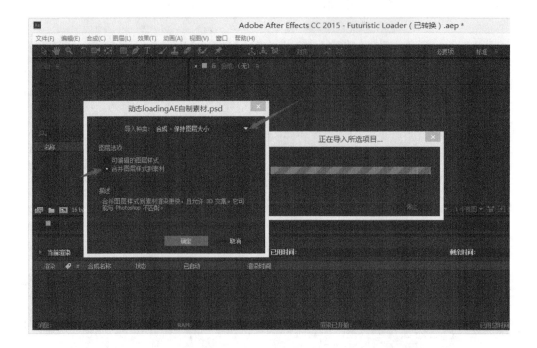

02 双击箭头所示区域，打开"PSD 自制素材"图层。

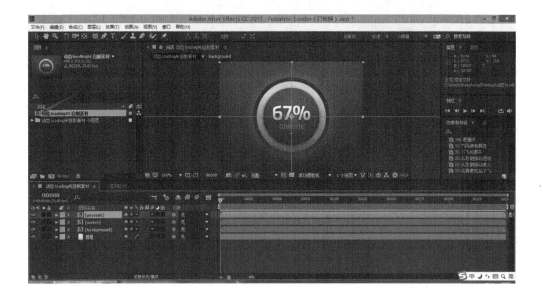

03 为了完成局部的动画效果，先双击箭头所示区域，打开"meter 图层"。

04 打开"meter"层后，选中"progress"层，然后在 After Effects 右侧【效果和预设】搜索栏里输入关键字【擦除】，下拉双击选择【径向擦除】，此时 After Effects 面板的左侧会出现径向擦除的效果控件。

05 After Effects 左侧效果控件径向擦除参数【过渡完成】设置为【68】。

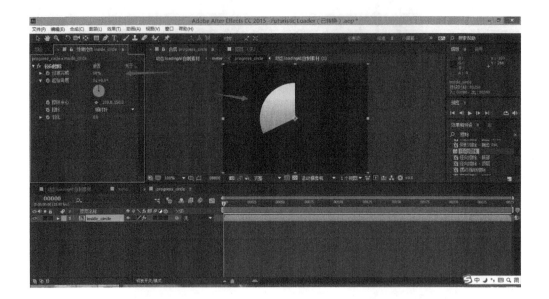

06 回到"meter"层，鼠标右键单击 After Effects 面板左下方空白区域，选择【新建】→【纯色】。

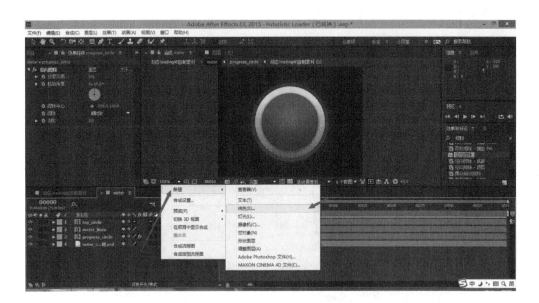

07 将新建的纯色图层命名为"数字"，【宽度】设置为【400 像素】,【高度】设置为【300 像素】，然后单击【确定】。

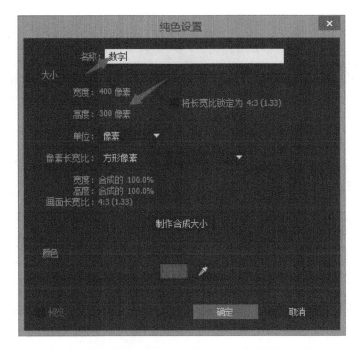

08 在 After Effects 面板的右侧【效果和预设】搜索栏里输入关键字【编号】，下拉双击选择【编号】，After Effects 面板中间将出现编号的效果控件，【字体】设置为【STKaiti】，【方向】设置为【水平】，【对齐方式】设置为【右对齐】，然后单击【确定】。

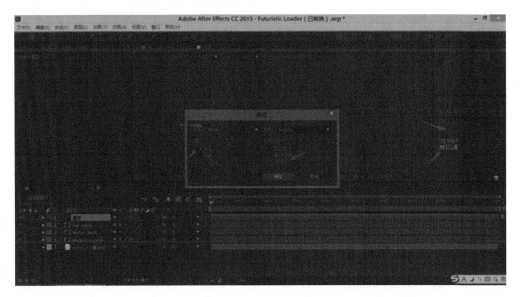

09 将【时间针】调节到零秒零帧处，单击 After Effects 面板左侧编号的效果控件中【数值】参数前的【秒表标志】标记关键帧，并将参数调整为【0】，将【小数位数】调整为【0】。

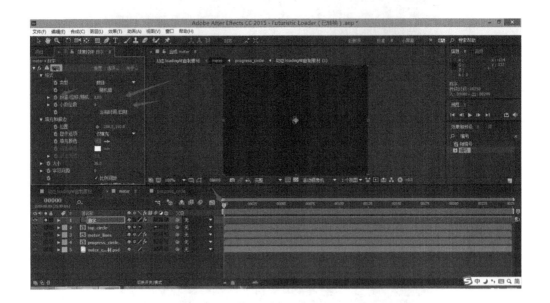

10　将【时间针】调节至 2 秒处，将 After Effects 面板左侧编号的效果控件中【数值】参数调整为【100】，此处系统将自动生成关键帧。

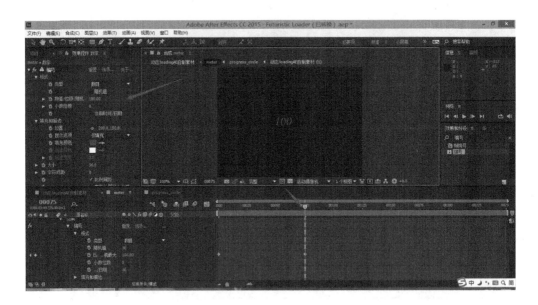

11　回到 "progress" 层，按住【Alt】键，同时单击 After Effects 面板左侧【径向擦除】的效果控件【过渡完成】前的【小码表】为图层添加表达式。

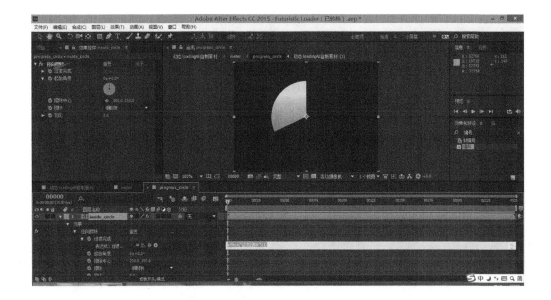

12　鼠标单击选中"progress 层"，拖曳至左下方空白区域，然后在"meter 层"中，选中"数字层"，单击效果控件前的【锁头图标】将数值的效果控件锁定，如图所示。

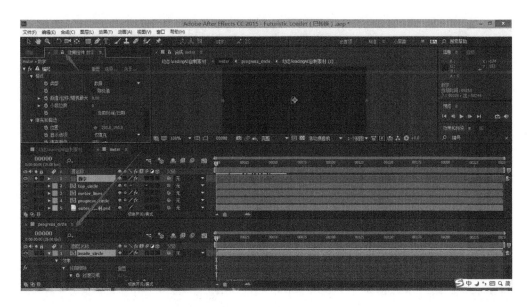

13　长按"progress 层"后的【螺旋标志】，将其拖曳至"数字层"的效果控件下的【数值】参数处，将"progress 层"的过渡效果与"数字层"的编号效果做父子链接，如图所示。

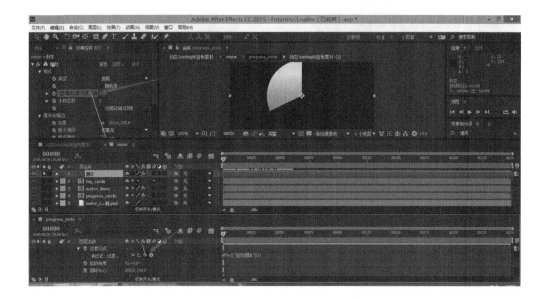

14 在"progress 层"后的表达式前加上【100-】，如图所示。

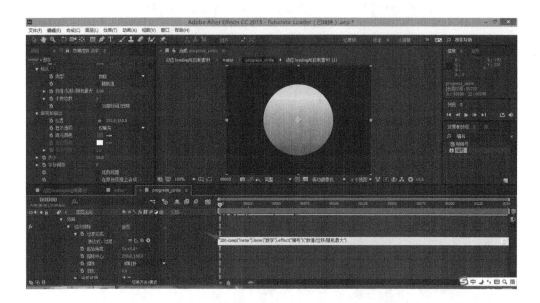

15 选择"meter 层"下的"数字层"，然后在 After Effects 面板右侧【效果和预设】搜索栏里输入关键字【渐变】，下拉双击选择【梯度渐变】，在 After Effects 面板左侧出现梯度渐变的效果控件。

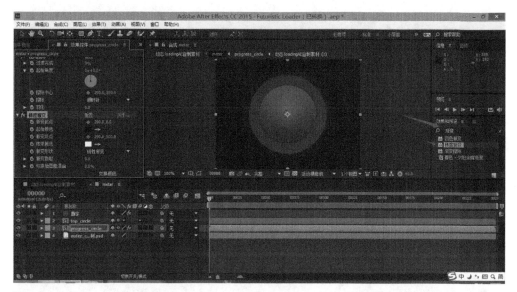

16 选中"数字图层"，在 After Effects 面板左侧梯度渐变的效果控件单击【交换颜色】，将数字颜色调整为有金属质感的数字。

▶案例4　制作光盘装载动态效果

01 打开 After Effects，在项目窗口空白处单击右键，导入 PSD 自制素材图层，导入种类为【合成–保持图层大小】，图层选项为【合并图层样式到素材】，单击【确定】。

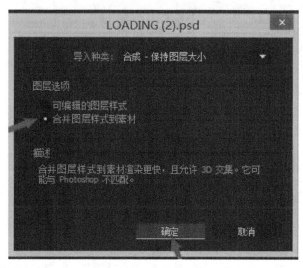

02 将导入的素材拖曳至 After Effects 面板下方的项目窗口中，并双击打开素材。

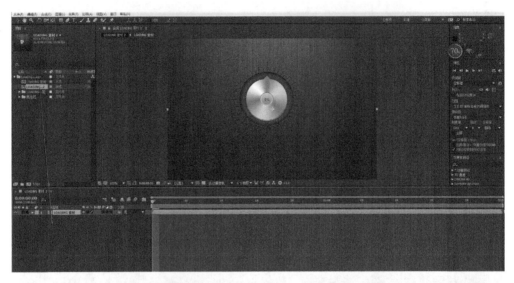

03 将【时间指针】调节至零秒零帧处，单击"Dial层"，单击【变换】→【旋转】，单击【旋转】前的【小码表】标志设置关键帧。

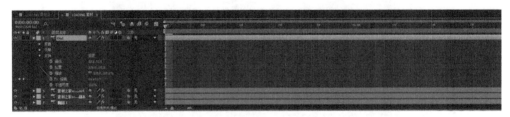

04 将【时间指针】调节至2秒处，此时修改【x数值】为【1】，即旋转一圈，此时箭头就会随着后来的数值变换而旋转，如图所示。

05 选中"椭圆 1"图层，然后在 After Effects 右侧【效果和预设】搜索栏里输入关键字【擦除】，下拉双击选择【径向擦除】，此时 After Effects 面板的左侧会出现径向擦除的效果控件。

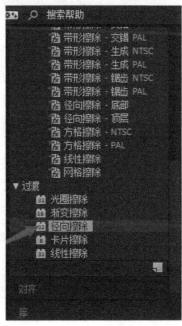

53

06　将【时间指针】调节至零秒零帧处，单击 After Effects 面板左上方中的效果控件中的【过渡完成】前的【小码表】标志，设置关键帧，此时【过渡完成】前的数值为【0】。

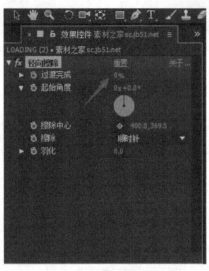

07　将【时间指针】调节至 2 秒处，将【过渡完成】前的数值改为【100】，并将"素材之家"这一层拖动至"椭圆 1"层之上，让黑色覆盖在蓝色之上。

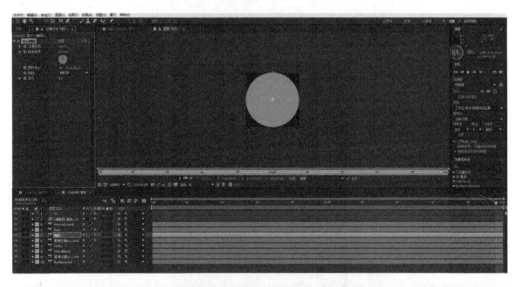

08 按快捷键【Ctrl+Y】新建纯色面板，并单击【确定】。

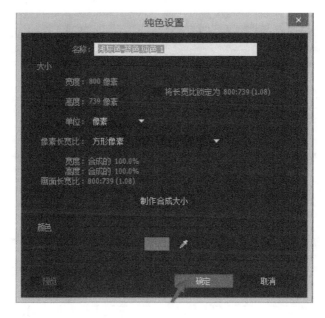

09 选中新建的"纯色图层"，在 After Effects 面板右上方的【预设和效果】里的搜索框中搜索【编号】，双击选择【编号】。

10 在左侧的编号效果控件中，将【小数位数】改为【0】，将【时间指针】调整到零秒零帧处，单击【数值/位移/随机】前的【小码表】标志设置关键帧，并将数值调整为【0】。

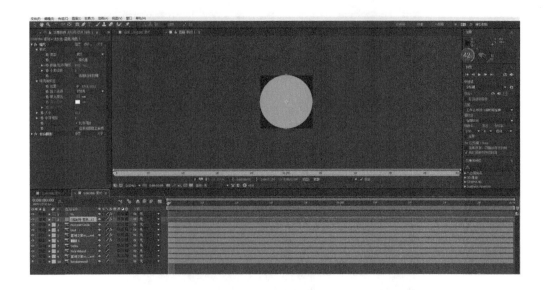

11 将【时间指针】拖动至 2 秒处，将【数值 / 位移 / 随机】改为【100】，之后可以根据需要更改【位置】后边的数值调节数字的位置，更改【大小】的数值可调节数字大小。

12 在右侧【预设和效果】的搜索框中输入【阴影】，选择【径向阴影】，在左侧的效果控件中可以调节阴影与文本之间的【距离】以及阴影的【不透明度】和【感光度】。

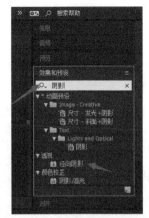

13 选择【文本工具】，在空白处输入"%"，将其位置调到适当位置即可。

14 选择"浅灰色…"那一层，选中【效果控件】中的【径向阴影】并按快捷键【Ctrl+C】复制，打开"%"层，按快捷键【Ctrl+V】粘贴，使百分号和文本具有一样的阴影效果。

▶案例5　制作环形旋转加载动态效果

`01` 单击【文件】，选择【打开项目】，将准备好的素材导入。【导入类型】选择【合成－保持图层大小】，【图层选项】选择【合并图层样式于素材中】。

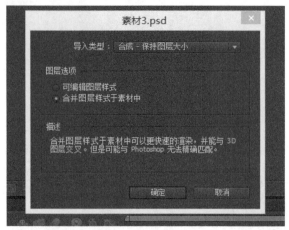

`02` 在项目面板中双击导入的素材，打开素材及各图层。

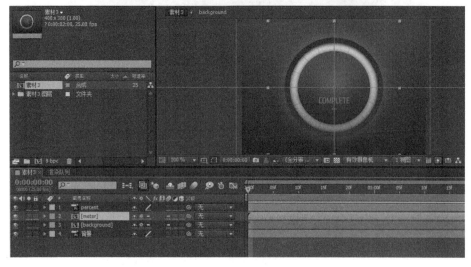

03 双击进入到 "meter" 层，选中 "progress" 层。

04 在 After Effects 面板右侧的【效果和预置】中，搜索【擦除】→【径向擦除】，双击选中【径向擦除】效果。

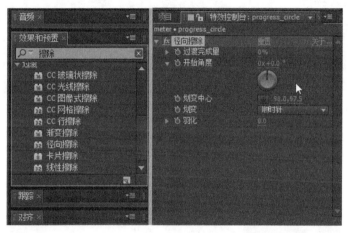

05 将【时间指针】调节至零秒零帧处，单击效果控件中【过渡完成】前的【小码表】标志设置关键帧，并将数值调节为【0】。

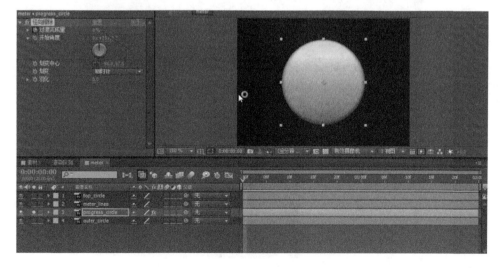

06　将【时间指针】调节至 2 秒处，并将【过渡完成】的数值改为【100】。

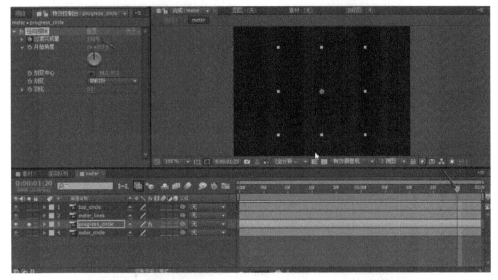

07　返回"素材 3"合成中，右键单击空白处，【新建】→【固态层】添加一个固态层。

08　选中新建的"固态层"，在【效果和预置】中搜索【编号】，选择【文字–编号】。

09 在 After Effects 面板左上方的效果控件中将编号的【小数点位数】改为【0】。

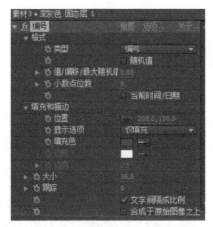

10 将【时间指针】调节到第 2 秒处，单击效果控件中的【数值】前的【小码表】标志设置关键帧，并将【数值】改为【100】。

11 在【效果和预置】窗口中搜索【渐变】，选择【生成 – 渐变】。

12 把【时间指针】调节至零秒零帧，单击【渐变】→【开始色】前的【小码表】标志设置关键帧，并选择合适的颜色。

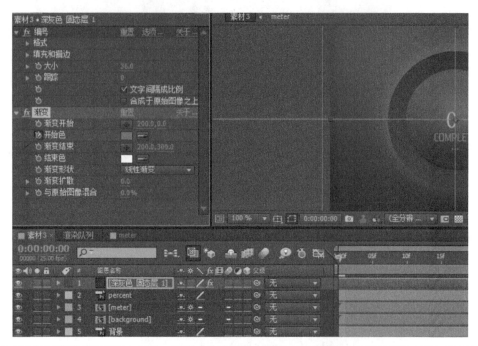

13 将【时间指针】调节至2秒处，再单击【渐变】→【结束色】前的【小码表】标志添加关键帧，并设置合适的颜色。

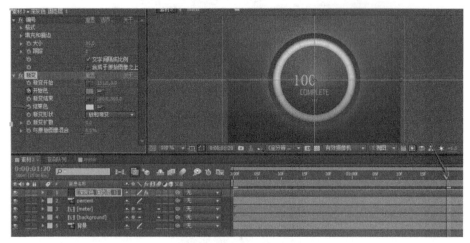

14 右键单击合成窗口的空白处，【新建】→【文字】新建文字图层，输入"%"，并将【编号】一层中的渐变效果复制到"%"图层中。

15 按快捷键【Ctrl+K】打开【合成设置】，将【持续时间】调整到合适位置（根据实际情况）。

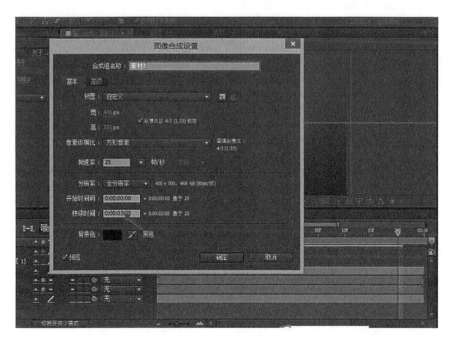

16 按快捷键【Ctrl+M】将项目添加到渲染列队，单击【输出到】后橙色文字部分，选择保存文件所需位置即可，单击【渲染】按钮，开始渲染即可。

17 渲染完毕。

▶案例6　制作六边形装载动态效果

01 打开 After Effects，在项目窗口单击右键，导入 PSD 自制素材图层，导入种类为【合成 – 保持图层大小】，图层选项为【合并图层样式到素材】。

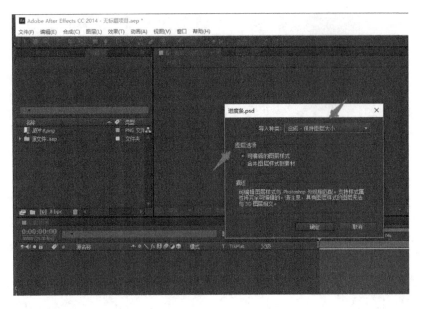

02 双击进入素材图层，并双击打开"整体"合成。

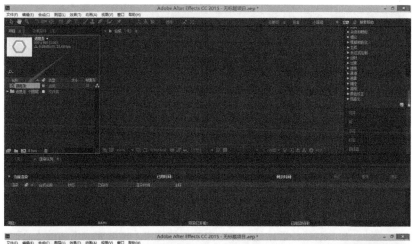

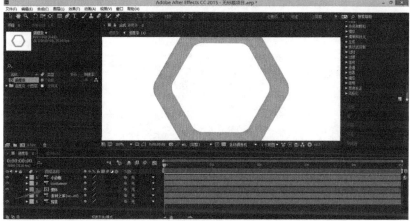

03 选中"粉"层，在 After Effects 面板的右侧的【效果和预设】中搜索输入【擦除】，双击选择【径向擦除】。

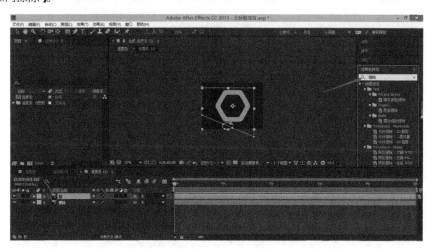

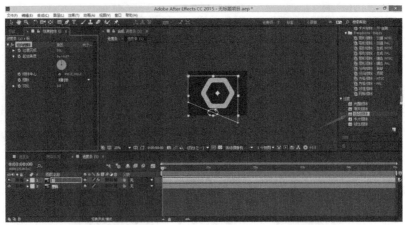

04 将【时间指针】调节至零秒零帧处，并单击效果控件中【过渡完成】前的【小码表】标志添加关键帧，将【过渡完成】的数值调到【100】。

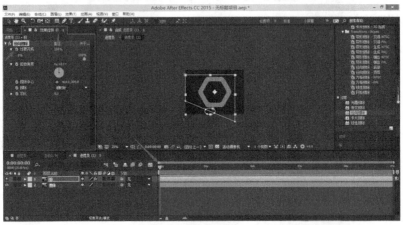

05 将【时间指针】调节至 2 秒处，并把【过渡完成】前的数值调成【0】。

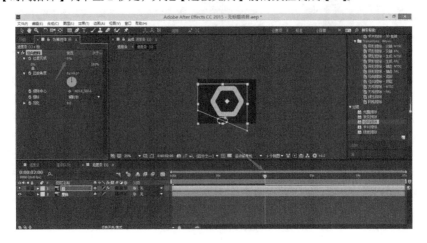

06 右键单击合成窗口空白处，选择【新建】→【纯色】新建纯色图层，并将新建的图层置于顶层。

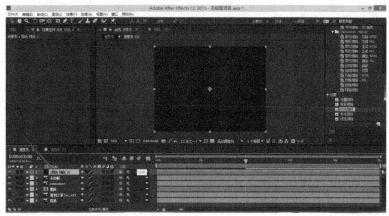

07 在右侧【效果和预设】中搜索【编号】，选择【文本－编号】。

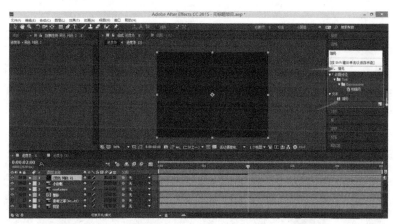

08 在效果控件中修改【编号】的【小数位数】为【0】，并将【时间指针】调节至零秒零帧处，单击【数值】前的【小码表】标志添加关键帧，把【数值】调整为【0】。

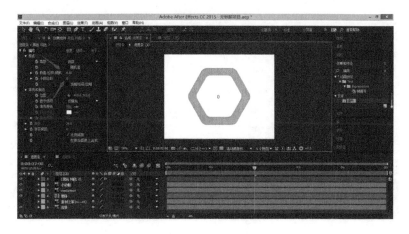

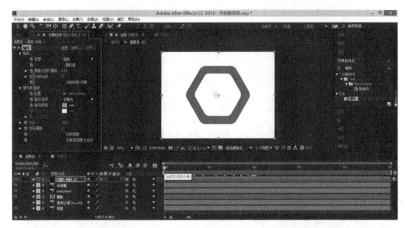

09 下面修改"编号"的具体细节，选择【填充颜色】选择适合的颜色，选择【大小】修改编号的大小，将【比例间距】前的勾选去掉。

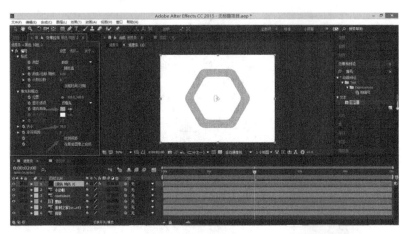

10 将【时间指针】调节到 2 秒处，并将效果控件里的【数值】修改为【0】。

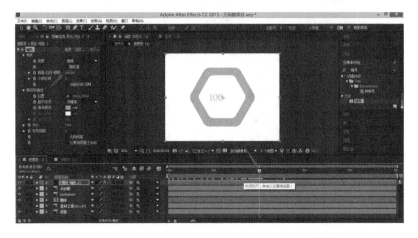

11 右键单击合成窗口的空白处，选择【新建】→【文本】新建一个文本图层并输入"%"，调节其大小及位置。

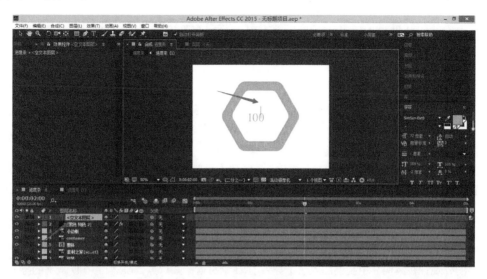

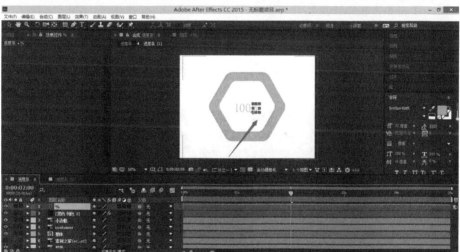

12 至此，六边形装载动态就制作完成了。

PRAT 3 制作图标动态效果

在PART3中，我们学习After Effects制作的最基础也是最重点的部分，本部分我们将主要针对After Effects动效制作中的"动"的部分进行学习，即【关键帧】的设置，通过【关键帧】与画面效果的把控来完成最基础的UI动画制作。

本部分的案例7主要针对After Effects中的【位置】、【缩放】及【不透明度】的关键帧设置进行学习，需要熟练掌握画面与【关键帧】之间的关系，注意【时间指针】的调节和关键帧间隔时间的设置规律；另外还需要熟练掌握各个属性的快捷键，为之后的学习奠定基础。

本部分的后几个案例基本内容都是围绕【关键帧】的设置展开的，在案例8中我们会加入【旋转】属性的关键帧设置这一知识点，另外还将学习一个新的特效【cc light sweep】来调节文字的外观；在案例9中我们加入了【导入】AI素材这一知识点，虽然与PSD素材的导入大同小异，但是还是需要重点掌握。

▶案例7 制作一个简单的由圆形变换成衣服图标的动态效果

01 打开After Effects，按快捷键【Ctrl+N】新建一个合成图层，设置【宽度】为【800】，【高度】为【600】，【持续时间】为【4秒】。

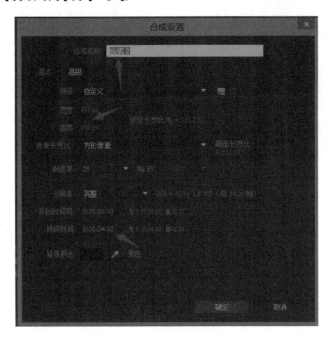

02　在 After Effects 面板左下侧的合成面板中单击右键选择【新建】→【形状图层】。

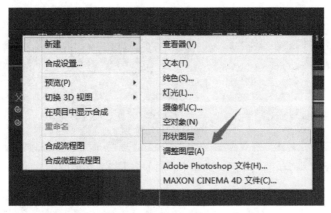

03　在工具栏中选择【矩形工具】，鼠标左键长按住【矩形工具】的图标，此时会出现其他形状的绘制工具，单击【椭圆】。

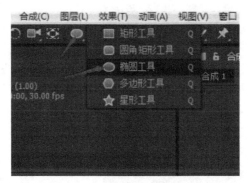

04　利用【椭圆】工具，在合成窗口中长按【Shift】键并拖动鼠标绘制一个正圆，此处的圆形只要轮廓部分，所以在工具栏中将【填充】关闭，选择合适的【描边】，并在下方合成面板中调整圆形的大小及位置。

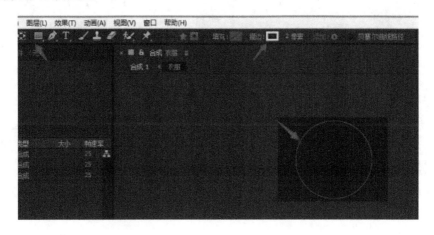

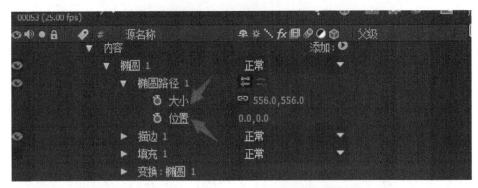

05 单击合成面板中"形状图层"后,选择【添加】→【修剪路径】。

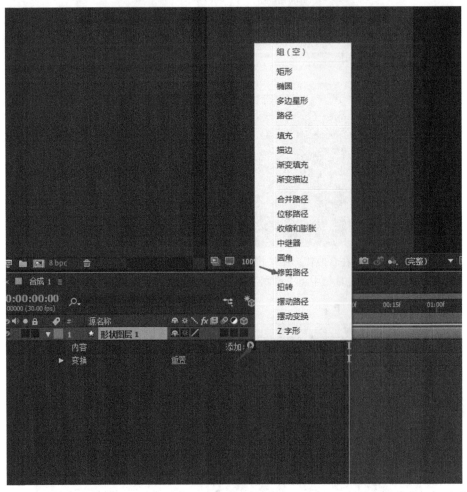

06 将【时间指针】调节至零秒零帧处,单击【修剪路径】下的【开始】键前的【小码表】标志设置关键帧,并将【开始】的数值改为【100】。

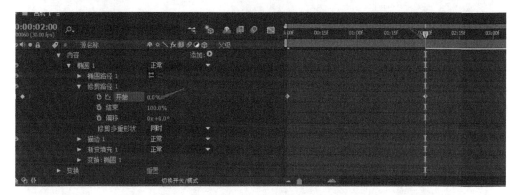

07 将【时间指针】调节至 2 秒处,将【开始】后的数值改为【0】。

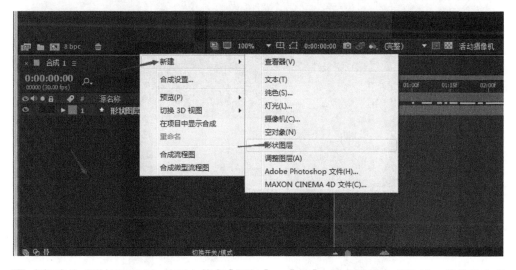

08 现在开始制作图标的中心部分,右键单击合成面板空白处【新建】→【形状图层】。

09 在新建的"形状图层 2"的下方单击【添加】→【组】,并右键单击"组 1",将其重命名为"衣身"。

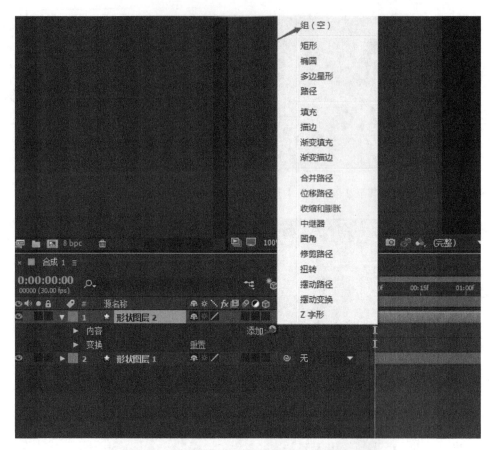

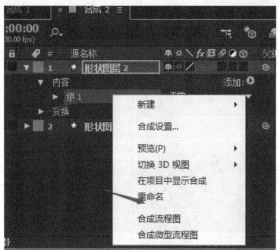

10 单击选中"衣身"分组，单击【添加】→【矩形】。

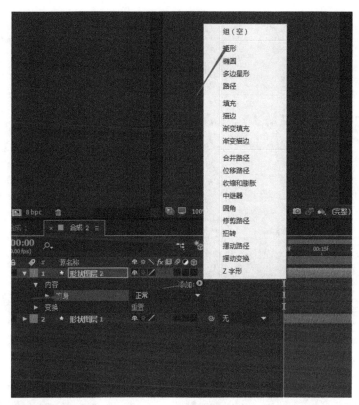

11 将矩形的【圆度】设为【20】，并调节矩形的大小和位置，如图所示。

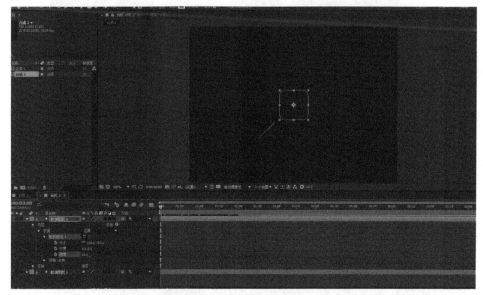

12 重复第10步，【添加】→【椭圆】，并调节椭圆的位置及大小。

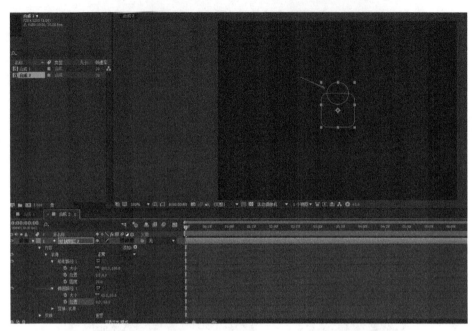

13 选中"衣身"分组，单击【添加】→【合并路径】，并将"合并路径 1"的模式改为【相减】，合并后的"衣身"如图所示。

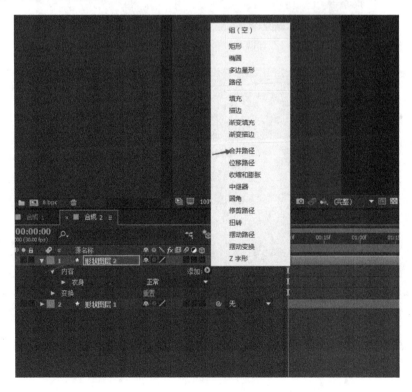

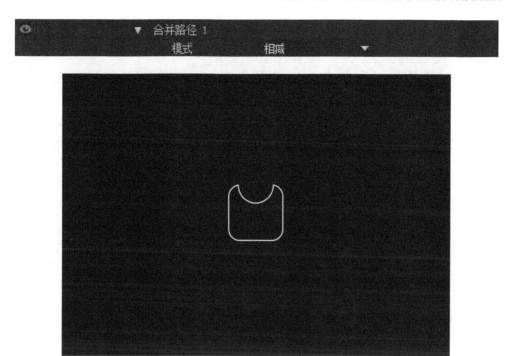

14 重复第9、10步，选中"形状图层2"，【添加】一个【组】，命名为"衣袖"，并在"衣袖"分组中【添加】一个矩形，调节到合适位置，如图所示。

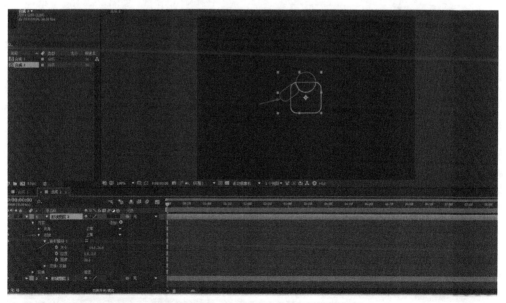

15 单击选中"衣袖"分组，并按【Ctrl+C】复制【Ctrl+V】粘贴到分组内，并将粘贴好的"衣袖"移动到合适位置，如图所示。

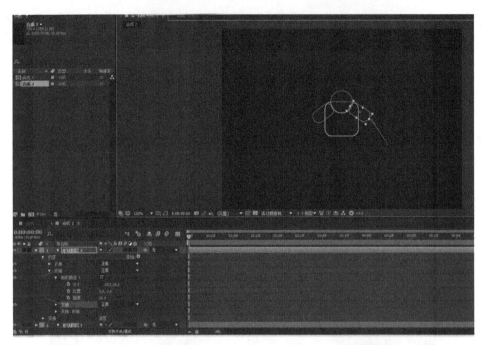

16　重复第 13 步，单击选中"形状图层 2"，单击【添加】→【合并路径】，将"合并路径"的模式改为【相加】，如图所示。

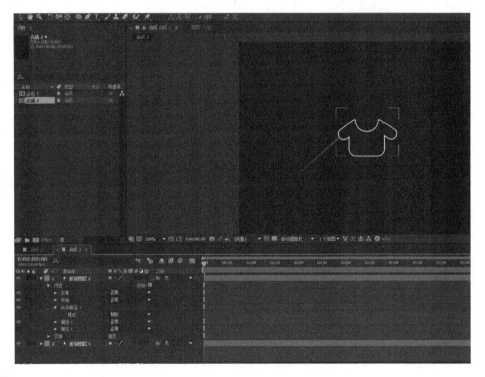

17 为了使图标的轮廓更加顺滑，单击【添加】→【位移路径】添加一个位移路径，并将【线段连接】设置为【圆点连接】。

18 重复第 5、6、7 步，【添加】一个【修剪路径】，并分别在 0 秒和 2 秒时在【开始】处设置关键帧，在 0 秒处将【开始】的数值改为【100】，在 2 秒处将数值改为【0】，如图所示。

19 动态效果到此处就做好了。

▶案例8　制作可爱的咖啡杯图标动态效果

01 打开 After Effects，在项目窗口单击右键【导入】→【文件】，选择需要的 PSD 素材"咖啡"，导入种类为【合成 - 保持图层大小】，图层选项为【合并图层样式到素材】。

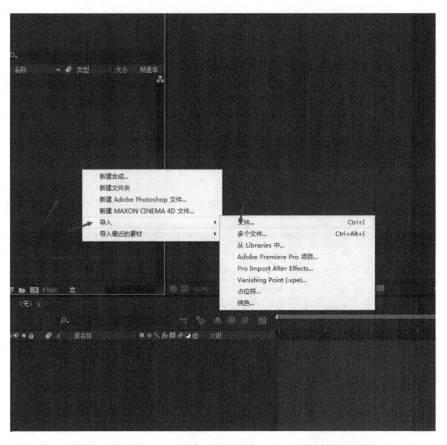

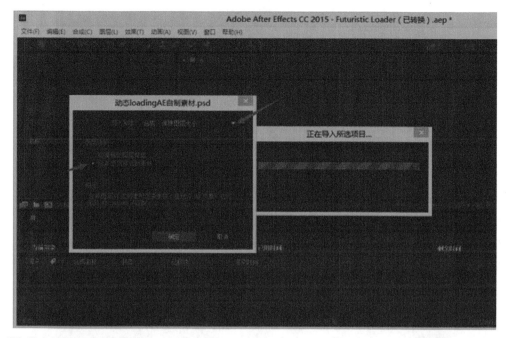

02 单击打开导入的素材。

03 为了使之后的动画有联动效果,我们需要将"咖啡"的各个部分添加链接,即添加【父子链接】,首先单击"沫"层后的【螺旋】标志,长按将其拖曳至"咖啡"层的任意处,这样"咖啡"层就成为了"沫"层的父级,"沫"层会随着"咖啡"层的变化而变化。

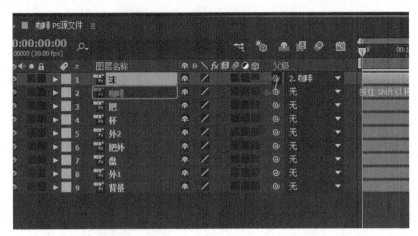

04 重复上一步，用相同的办法将"把"层与"杯"层、"外2"层与"杯"层、"把外"层与"把"层、"外1"层与"盘"层进行父子链接。

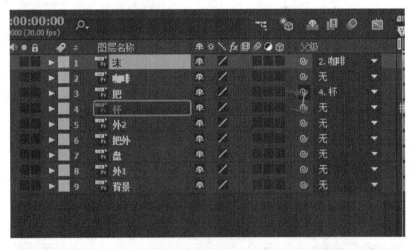

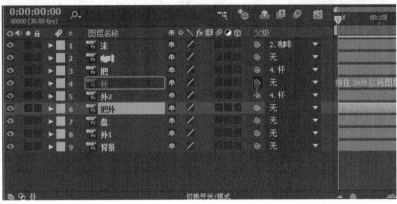

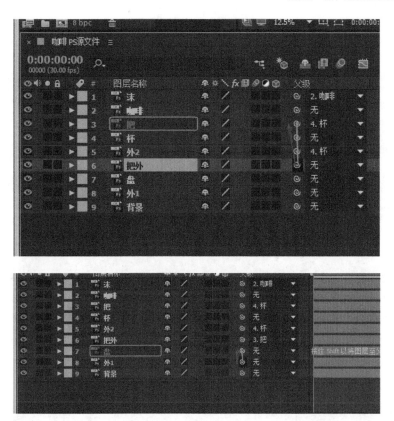

05 下面可以进行动画的制作了，首先对"盘"层进行调整，将【时间指针】调节至零秒零帧处，单击"盘"层下的【缩放】前的【小码表】标志设置关键帧，并将数值调节为【0】。

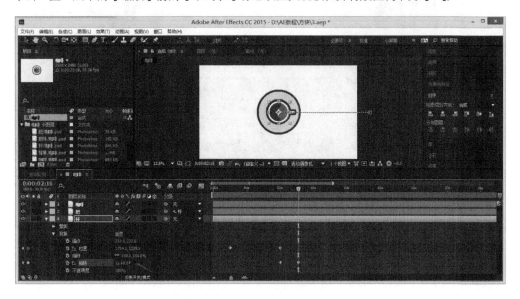

06 将【时间指针】调节至 0.5 秒处，并将【缩放】后的数值调整到【100】。

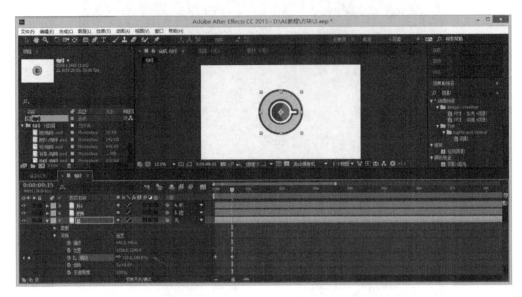

07 调节"杯子"的位置和旋转动画，将【时间指针】调节至 0.5 秒处，单击"杯"层后的【小码表】标志设置关键帧，并调整数值，直至将"杯子"图形移动至画面外。

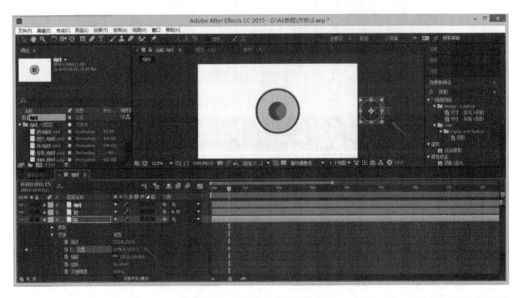

08 将【时间指针】调节至 2 秒处，并调节【位置】后的数值，直至"杯子"图形出现在画面中心。

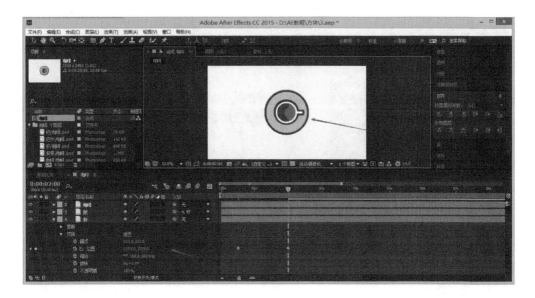

09 将【时间指针】保持在 2 秒位置，单击【旋转】前的【小码表】标志设置关键帧，此时数值不需要调整，保持【0】即可。

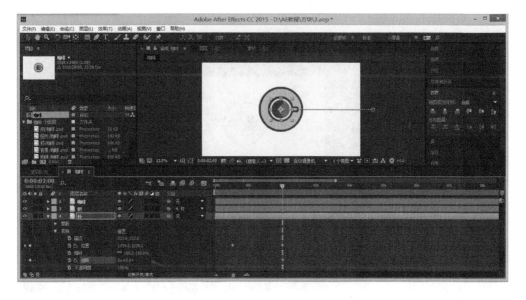

10 将【时间指针】调节至 2.5 秒处，将【旋转】后的圈数数值改为【1】，如图所示。

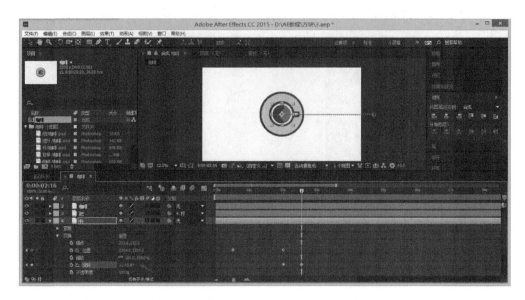

11　下面调整"咖啡"和"咖啡沫"的动画，将【时间指针】调节至2.5秒处，单击"咖啡"层后的【旋转】前的【小码表】标志设置关键帧，同时单击【不透明度】前的【小码表】标志设置关键帧，并将【不透明度】后的数值改为【0】。

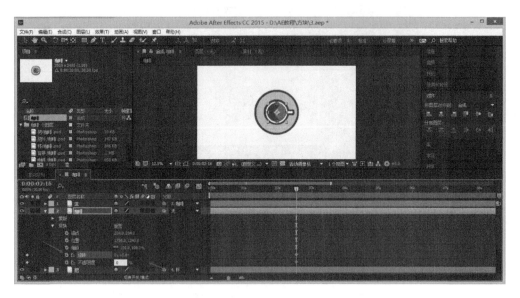

12　将【时间指针】调节至3秒处，将【旋转】后的旋转数值改为【1】，将【不透明度】后的数值改为【100】。

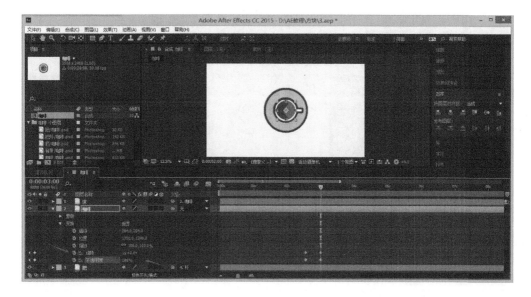

13 将【时间指针】调节至 2.5 秒处，单击"沫"层下【不透明度】的【小码表】标志设置关键帧，此时数值为【0】。

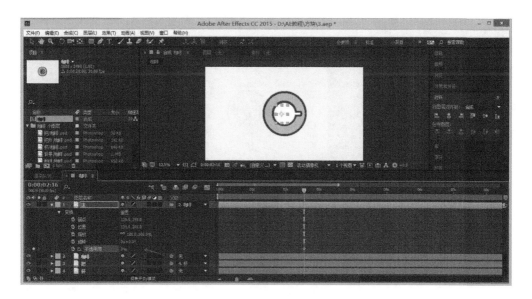

14 将【时间指针】调节至 3 秒处，将【不透明度】后的数值改为【100】。

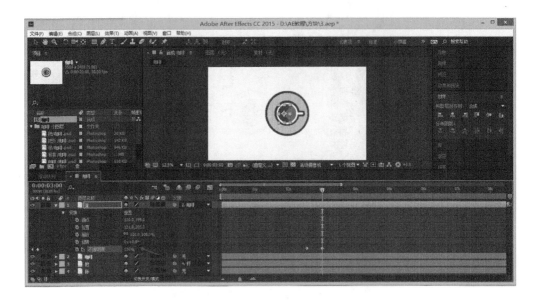

15 右键单击合成窗口的空白处，选择【新建】→【文本】新建一个文本层，并在文本层输入
"your coffee"。

16 在 After Effects 面板的右侧"字符窗口"中调节文本的字体、大小及颜色等，并将【时间
指针】调节至 3.5 秒处，单击"your coffee"层下的【不透明度】前的【小码表】标志设置关
键帧。

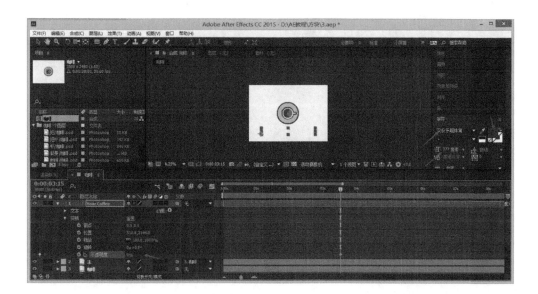

17 将【时间指针】调节至 4 秒处，将【不透明度】后的数值改为【100】。

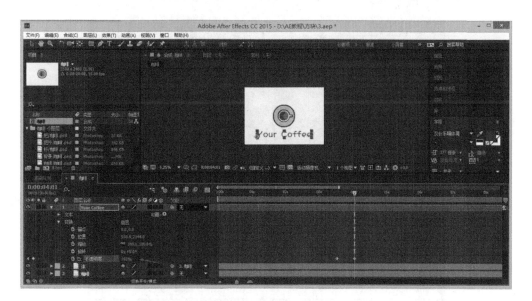

▶案例9　制作回收站图标动态效果

01 打开 After Effects，在面板区域单击鼠标右键，选择【新建合成】，具体的合成设置如图所示。

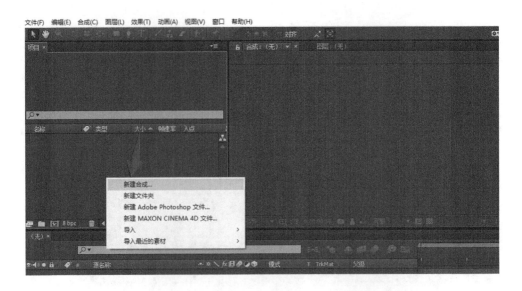

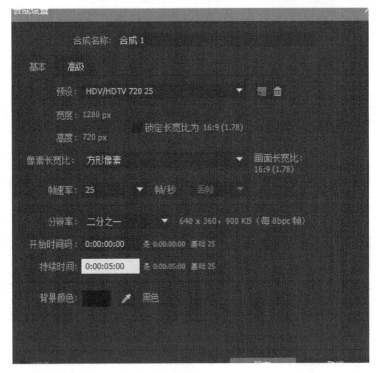

02　在合成面板空白处单击鼠标右键，选择【新建】→【纯色】新建一个纯色图层。

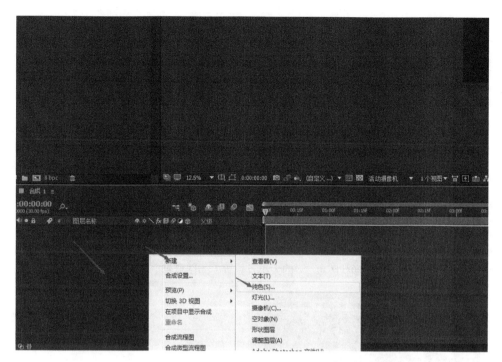

03　在 After Effects 面板的工具栏中选择【钢笔工具】，并在合成预览窗口中画一条直线，如图所示。

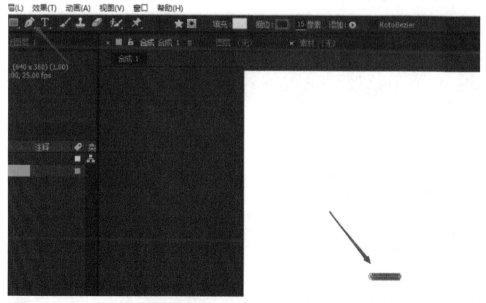

04　用【钢笔工具】画好直线后合成面板中会出现一个"形状图层1"，单击下方的【内容】→【形状1】→【描边1】，并将【线段端点】改为【圆头端点】。

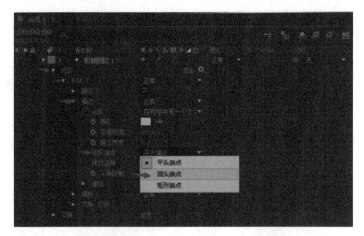

05 选中"形状图层 1"按【Ctrl+C】复制，然后按【Ctrl+V】粘贴，此时合成面板会出现一个"形状图层 2"，调整"形状图层 2"的大小及位置，如图所示。

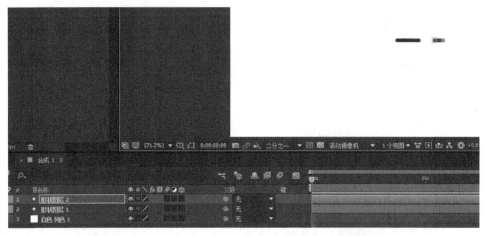

06 重复上一步，继续将"形状图层 1"复制 6 份，并调整位置，如图所示。

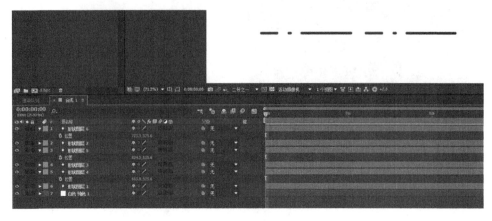

07 为了使形状图层之间可以有联动效果，我们需要将形状图层之间设置父子链接，按住【Shift】键，同时选中"形状图层2"到"形状图层6"，之后单击任意"形状图层"后的【螺旋】标志，将其拖曳至"形状图层1"的任意位置。此时"形状图层1"就成为其他形状图层的父级了，其他形状图层会根据"形状图层1"的变化而变化。

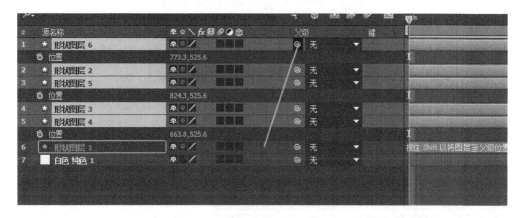

08 按住【Shift】键，同时选中"形状图层1"到"形状图层6"，单击鼠标右键选择【预合成】，并将"预合成"命名为"线条"。

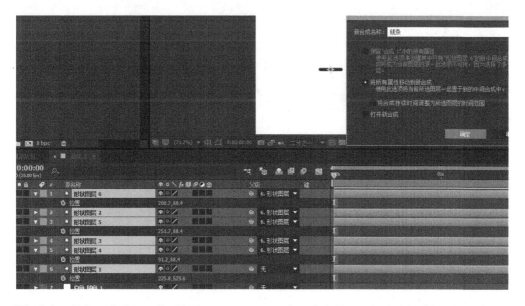

09 选中"线条"合成层，然后长按After Effects窗口上方的工具栏中选择【矩形工具】，选择【椭圆工具】，利用【椭圆工具】在窗口中画好一个圆形，此时画好的"圆形"则成为了"线条"层的蒙版，如图所示。

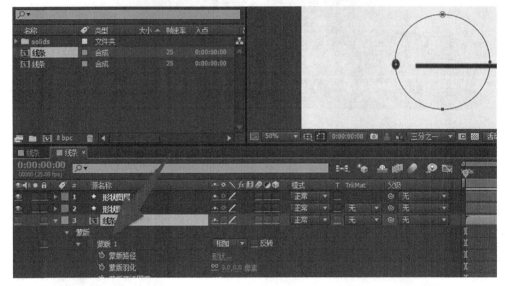

10 调整画好的圆形的位置，使它在画面中心，然后调整之前画好的"线条"的位置，使"线条"的左侧端点正好在圆形中露出，如图所示。

11 双击打开"线条"合成，然后选中"形状图层1"，将【时间指针】调节至零秒零帧处，按【P】快捷键打开"形状图层1"的【位置】属性，单击【位置】前的【小码表】标志设置关键帧。

12 按快捷键【Ctrl+R】打开参考坐标系，并在如图位置设置一条参考线。

13 将【时间指针】调节至3秒处，并调节"形状图层1"的位置到如图所示的位置。

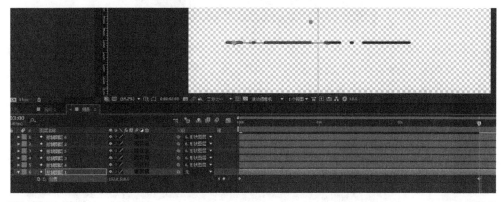

14 下面我们导入"垃圾桶"PSD素材，右键单击项目面板空白处，选择【导入】→【文件】，导入种类为【合成-保持图层大小】，图层选项为【合并图层样式到素材】。

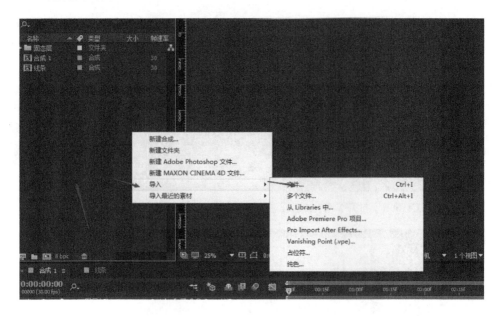

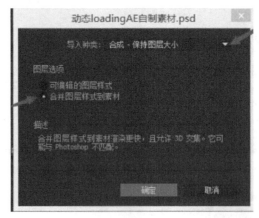

15 双击打开"垃圾桶素材"，单击"盖子"层后的【螺旋】标志并将其拖曳至"di"层的任意处，使"di"层成为"盖子"层的父级。注意：此处的"di"层就是垃圾桶的桶身。

16 新建"形状图层"并利用【椭圆工具】绘制出垃圾桶的"眼睛"，相同的办法画出垃圾桶的"嘴巴"，如图所示。

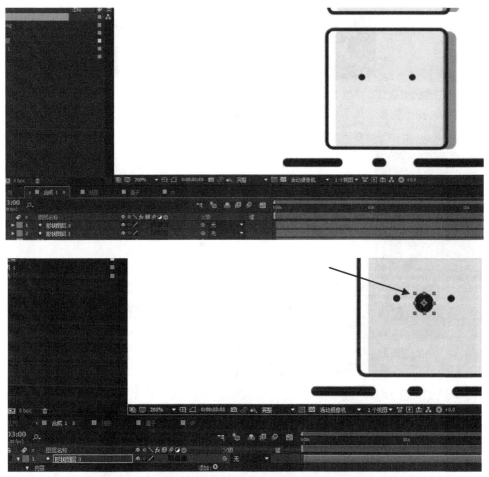

17 选中画好的"嘴巴"层，单击工具栏中的【工具创建蒙版】，然后在"嘴巴"位置绘制一个矩形，如图所示。

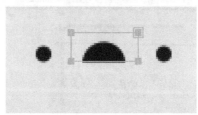

18 此时"嘴巴"所在的"形状图层3"会出现一个"蒙版1"，在"蒙版1"后的模式选择【相减】。

19 选中"形状图层 3"并按【Ctrl+C】复制→【Ctrl+V】粘贴,此时形成了复制好的"形状图层 4",选择【椭圆工具】在"嘴巴"位置绘制一个圆形,此圆形就是新出现的"蒙版 2",并将"蒙版 2"后的模式改为【交集】,如图所示。

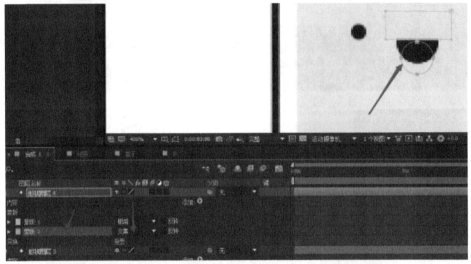

20 选中刚刚复制的"形状图层 4",在 After Effects 面板上方工具栏中选中【填充】选项,更改其颜色即可。

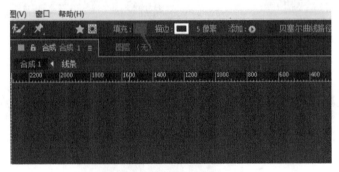

21 右键单击合成面板空白处，选择【新建】→【形状图层】，并绘制一个白色的矩形，如图所示。

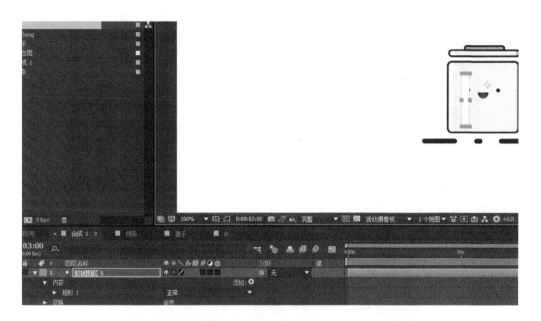

22 选中新建的"形状图层5"，快捷键【P】打开它的的透明度属性，将数值调整至【30】。

23 复制两层"形状图层5"，并调整图层的位置及顺序，如图所示。

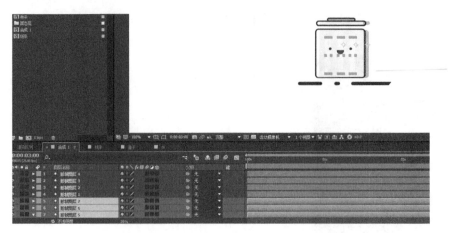

24 长按【Shift】键同时选中"形状图层 1"至"形状图层 7"，单击后方的【螺旋】标志将其链接到"di"层。

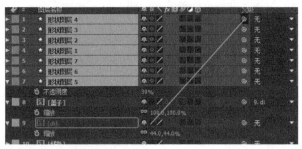

25 将【时间指针】调节至零秒零帧处，单击"di"层【位置】属性前的【小码表】标志设置关键帧，并将"垃圾桶"的位置挪到线段左侧端点处，将【时间指针】调节至 0.5 秒处，将"垃圾桶"的位置调节到中心点右侧过一点的位置，将【时间指针】调节至 0.7 秒处画面中心。

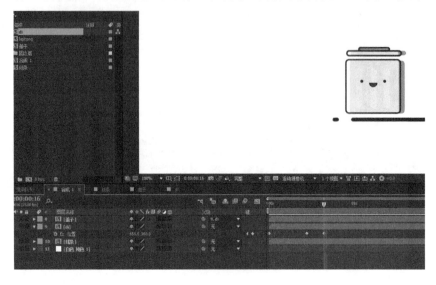

26 选择【中心点工具】，将"盖子"层的中心点调节至右侧端点。

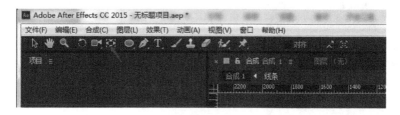

27 将【时间指针】分别移动到 0.5 秒、0.7 秒处，设置【旋转】关键帧，并将数值由【0】改为【36】度。

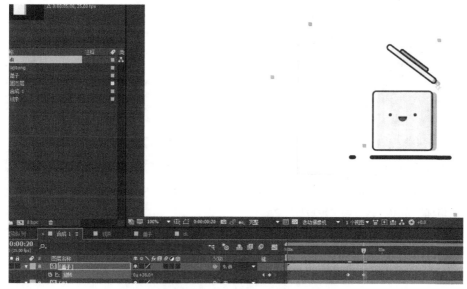

28 【新建】一个【形状图层】，选择【多边形工具】绘制一个多边形。

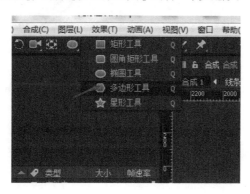

29　重复之前的关键帧制作，分别在 0.5 秒和 0.7 秒处添加【位置】关键帧，并将 "形状图层 8"
从 "垃圾桶" 左上方调节到 "垃圾桶" 内。

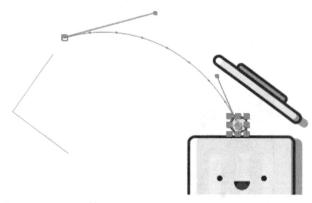

30　按快捷键【U】显示所有关键帧，选中所有关键帧，并单击鼠标右键选择【关键帧插值】，
在【临时插值】处选择【贝塞尔曲线】。

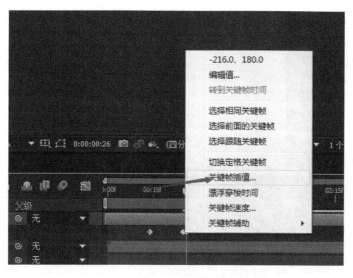

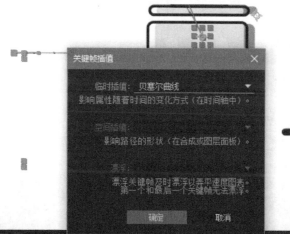

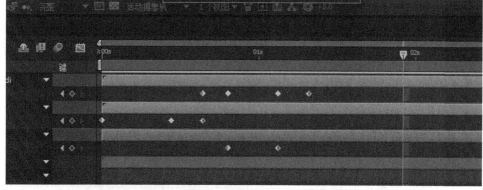

31 选中"眼睛"所在的图层,在1.7秒位置设置【缩放】关键帧,此时数值不变,在2秒处将"眼睛"缩放到一字型,并在2.5秒时还原。

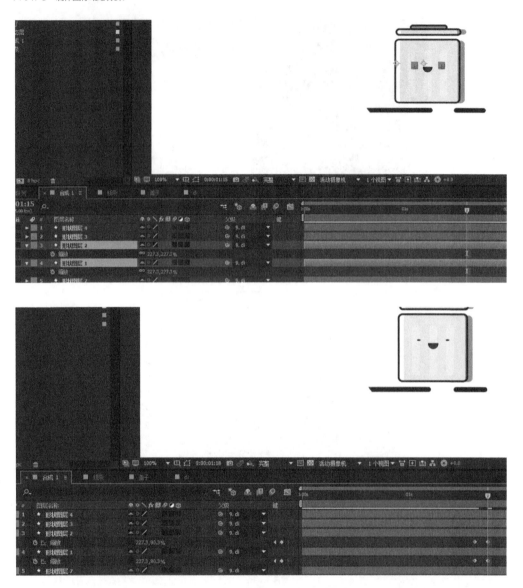

32 把"嘴巴"所在的"形状图层 3"与"形状图层 4"父子链接一下，然后重复上一步设置【缩放】关键帧，使"嘴巴"与"眼睛"一起缩放。

33 选中"垃圾桶"所在的"di"层,在2秒、2.2秒和2.4秒处设置【旋转】关键帧并修改数值,让"垃圾桶"左右摇晃。

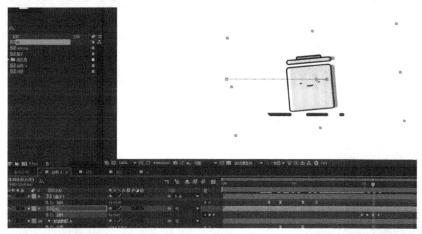

34 此时有部分关键帧动画会出现重合或错位的情况,关闭所有图层的下拉菜单,按快捷键【U】显示所有关键帧,然后对照时间轴调整关键帧即可。

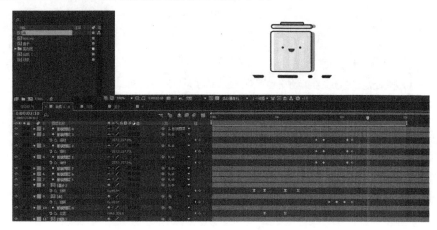

35【新建】几个"形状图层",利用【矩形工具】绘制一些如图所示的小图标。

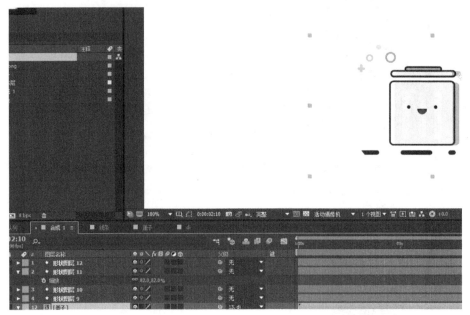

36 分别设置【位置】及【缩放】关键帧,使"小图标"在画面中移动闪烁最后消失,具体关键帧位置如图所示。

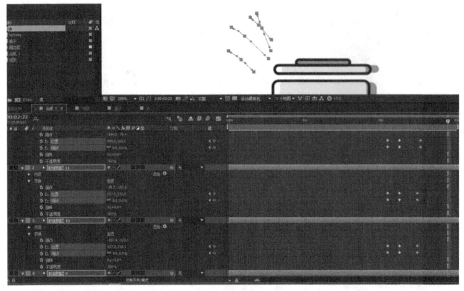

37 选择"垃圾桶"所在的"di"层,设置【位置】关键帧,使"垃圾桶"图标在最后 2 秒钟移出画面。

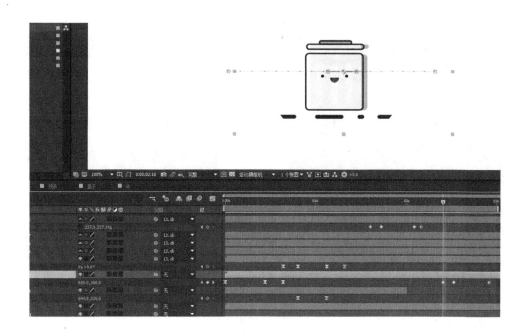

▶案例10　制作开心太阳图标动态效果

01 打开 After Effects，在项目窗口单击右键，【导入】→【文件】导入 PSD 自制素材图层，导入种类为【合成 - 保持图层大小】，图层选项为【合并图层样式到素材】。

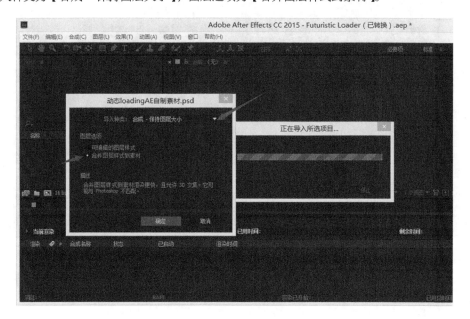

02 双击打开素材"太阳 2"。

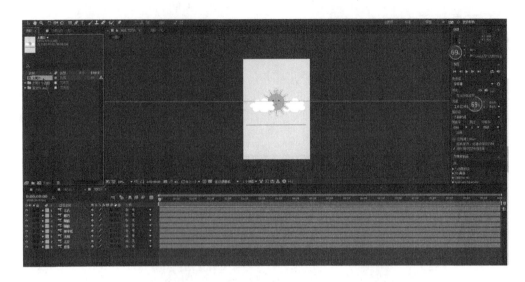

03 选中"太阳"图层，按快捷键【P】调出【位置属性】，将【时间指针】调节至零秒零帧处，单击【位置】前的【小码表】标志为太阳添加关键帧，调节"太阳"的位置至如图所示。

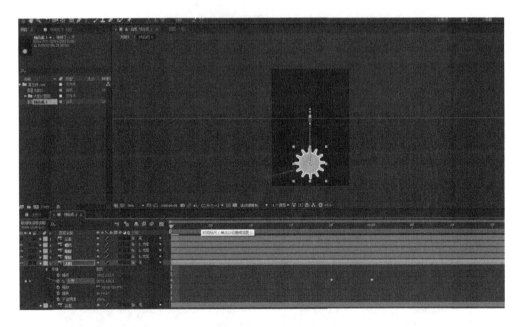

04 将【时间指针】调节至 20 帧处，调节"太阳"的【位置】至画面中心，如图所示。

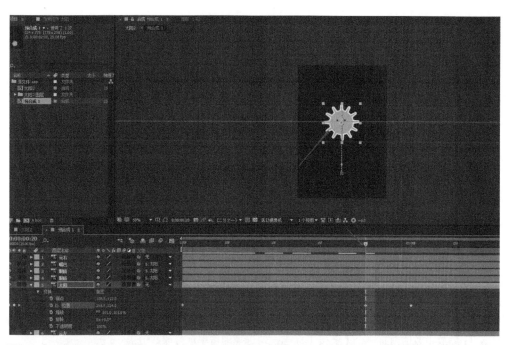

05　将【时间指针】调节到 1 秒处，再向上调节"太阳"的【位置】一点点即可。

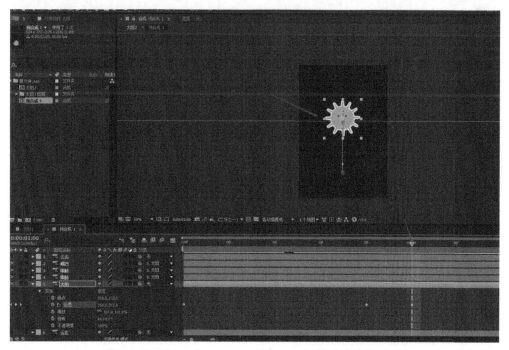

06　将【时间指针】调节至 2 秒处，将"太阳"的【位置】调节至起始位置即可。

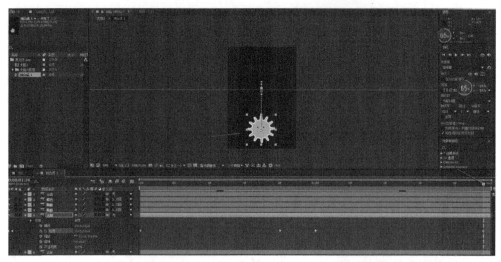

07 按住【Shift】键，同时选中"嘴巴""眼睛"图层，快捷键【S】调出【缩放】属性，将【时间指针】调节至10f处，分别单击【缩放】前的【小码表】标志给小太阳的眼睛和嘴巴添加关键帧，并分别调节【缩放】的数值，此处需要注意的是"嘴巴"是整体缩放，"眼睛"是横向缩放（【缩放】数值前有一个【链接】标志，勾选掉即可单项修改数值）。

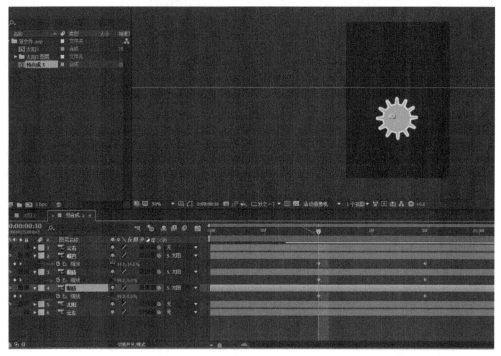

08 将【时间指针】调节至20帧处，分别更改"嘴巴"层与"眼睛"层的【缩放】数值。

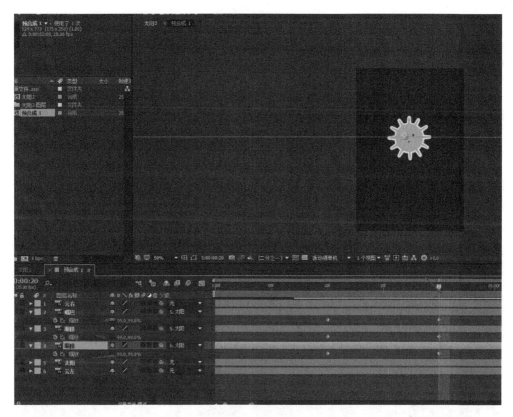

09　选择"云左"和"云右"图层，快捷键【T】调出【不透明度】属性，将【时间指针】调节至零秒零帧处，将【不透明度】后的数值调整为【0】，将【时间指针】调节至 20 帧处，并将【不透明度】的数值调节到【100】。

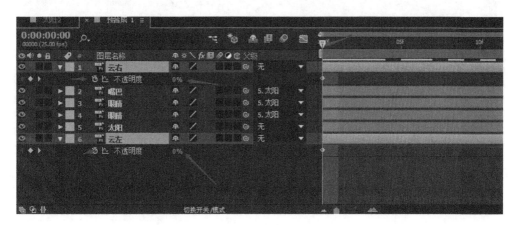

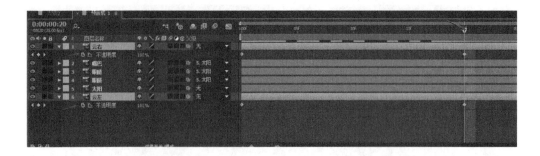

10 按快捷键【P】调出【位置】属性，给"云朵"添加位置动画，将【时间指针】调节至零秒零帧处，单击【位置】前的【小码表】标志，并分别调节"云左"和"云右"的位置至画面外。

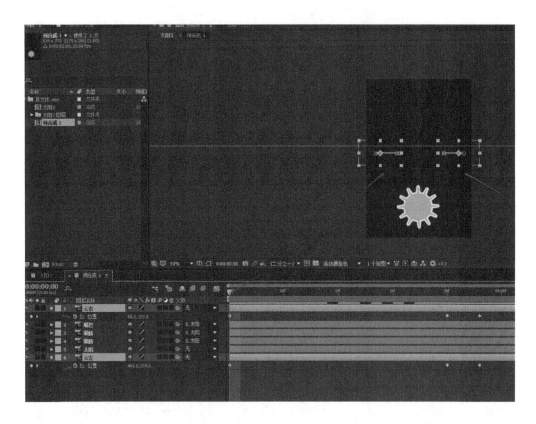

11 将【时间指针】调节至 20 帧处，调节"云朵"的【位置】至画面中间位置。

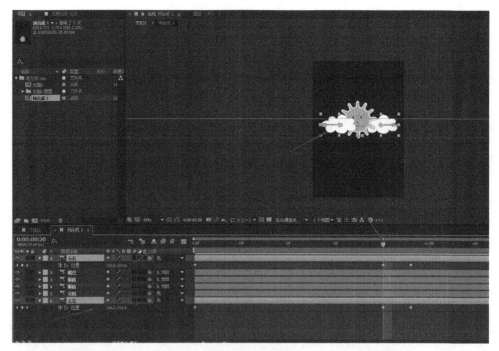

12 将【时间指针】调节到 1 秒位置，继续向中间位置调节"云朵"的位置。

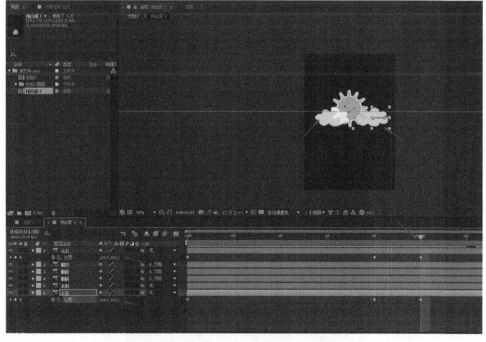

13 将【时间指针】调节至 2 秒处，将"云朵"的位置移出画面。

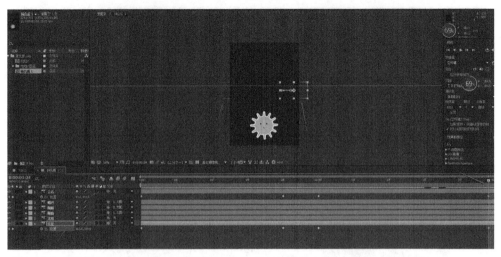

14 右键单击合成面板的空白处，选择【新建】→【纯色】为动画添加一个背景色。

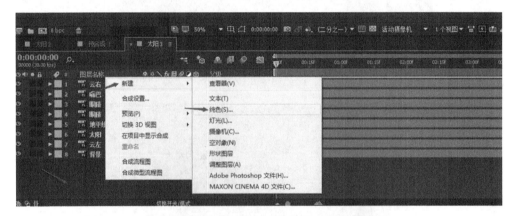

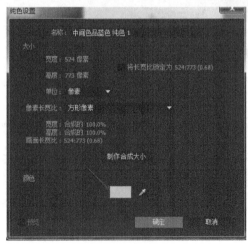

▶案例11　制作一个天气图标的动态效果

01 打开 After Effects，在项目窗口单击右键，选择【导入】→【文件】导入 PSD 自制素材图层，导入种类为【合成 - 保持图层大小】，图层选项为【合并图层样式到素材】。

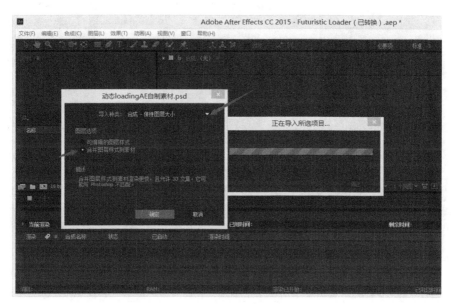

02 双击打开"天气标志"素材。

03 首先针对闪电效果进行制作，实现从无到有的过程，把闪电藏到小云朵的后面，根据前面

几节所学的知识，选中"闪电"层，按快捷键【S】打开缩放属性，分别在 0f、5f、10f 和 15f
处插入【位置】关键帧，并调整数值，使"闪电图标"有"缩小－放大－缩小"的效果。（此
处的关键帧设置可根据具体的动画效果进行调节。）

04　接下来对小云朵特效进行操作，选中"小云"层，按快捷键【P】调出位置属性，分别在 0
秒、1秒、2秒、3秒等位置设置【位置】关键帧，并调节位置数值，实现"小云朵"的"左－
右－左－右"的位置移动，此处需注意锚点的添加和间隔时间的掌控使动画看起来自然。

05　然后对"光晕"效果进行调整，选中"光晕"层，按快捷键【T】调出不透明度属性，分别

在 0 帧、5 帧、10 帧和 15 帧处添加【不透明】关键帧，并调节不透明度的数值，实现"光晕"
的"消失－出现－消失"的效果，为了实现光晕与闪电出现的时间相同，尽量保证闪电与光晕
锚点的频率一致。

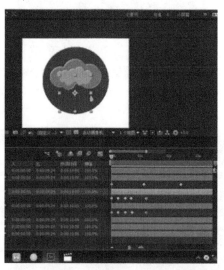

06 接下来对"大云"层的动画进行操作，由于大云的体积较大，运动起来较为缓慢，因此要
求此锚点的添加间隔远大于小云。快捷键【P】调出位置属性，分别在 0 秒、1.8 秒、3.5 秒和
5 秒处添加【位置】关键帧，实现"大云"缓慢的"左移－右移－左移"的动画。

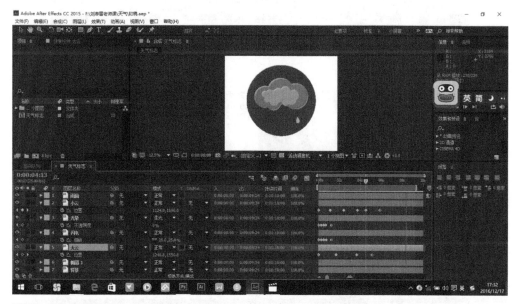

07 为了实现"闪电"与"光晕"同时出现和连续出现，需要对这两个图层进行【预合成】，选
择"闪电"层和"光晕"层，按快捷键【Shift+Ctrl+C】添加到预合成，并命名为"闪电光晕组"。

08 双击打开"闪电光晕组"预合成，移动【时间指针】的位置检查效果。

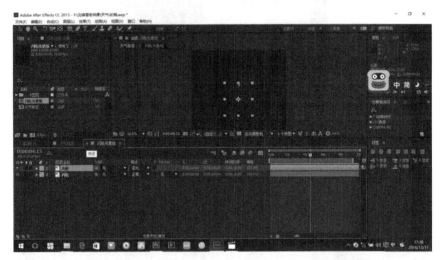

09 调节时间轴上的显示条的长度，对"闪电光晕组"进行裁剪，保留想要的具有动效的部分，删除多余部分。

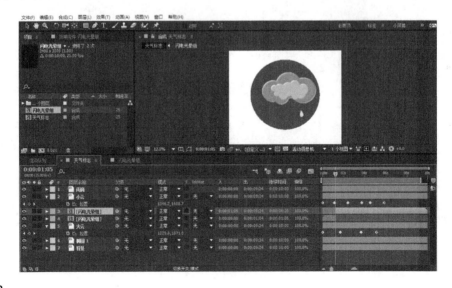

10　为了保证闪电光晕组的连续播放，按快捷键【Ctrl+D】复制 4 层"闪电光晕组"。

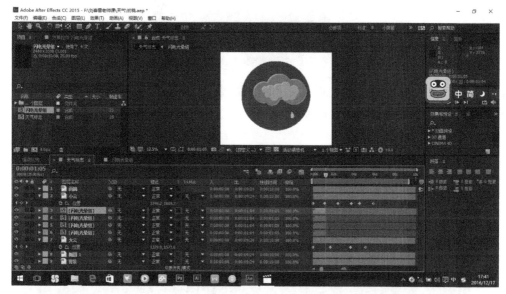

11　接下来把 4 组"闪电光晕组"全选，单击 After Effects 面板上方菜单栏中的【动画】→【关键帧辅助】→【序列图层】进行调整。

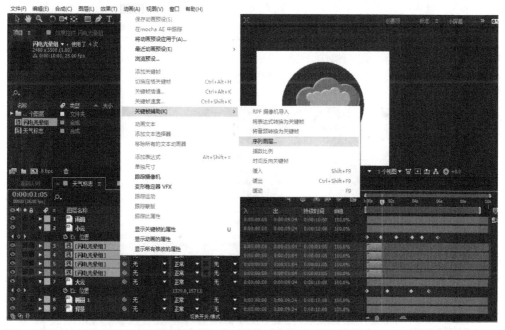

12　设置持续时间为 0 秒，单击【确定】。

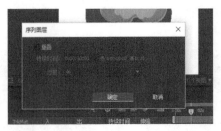

13 备选的 4 组会自动分配，呈阶梯状持续播放。

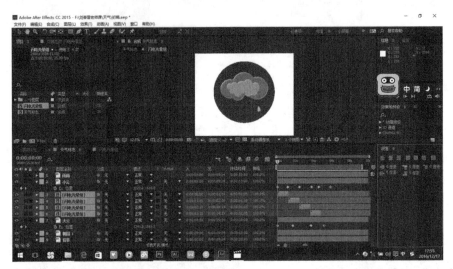

14 接下来对"雨滴"动画进行操作，选择"雨滴"图层，按快捷键【Ctrl+D】复制 5 份"水滴"层，调整【缩放】的数值更改大小，调整排列方式。

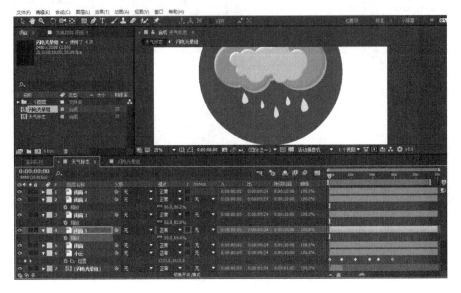

15 选中"雨滴"层的所有复制层，快捷键【P】调出位置属性，分别在0秒和1秒处设置【位置】关键帧，并调节位置数值，形成雨点下落的效果，同时在0秒和2秒处设置【缩放】关键帧，调整数值，达到雨点从有到无的过程。

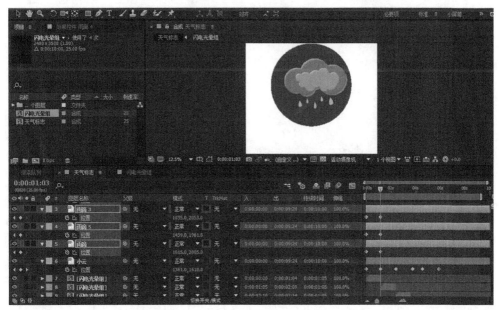

16 重复第7～9步，对"雨滴组"进行全选，按快捷键【Shift+Ctrl+C】添加到预合成，命名为"雨滴组"，并裁剪"雨滴组"的长短。

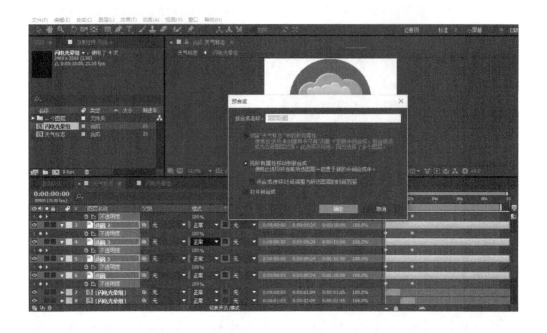

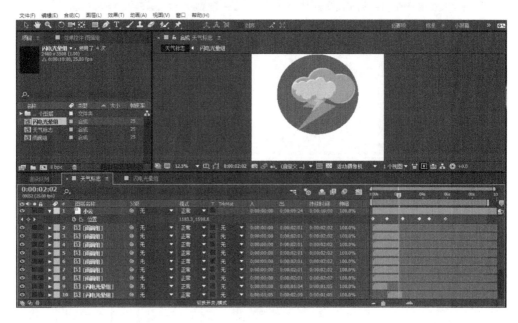

17 重复第 10 ~ 13 步，复制"雨滴组"7 份，选择【动画】→【关键帧辅助】→【序列图层】，并且调整持续时间。

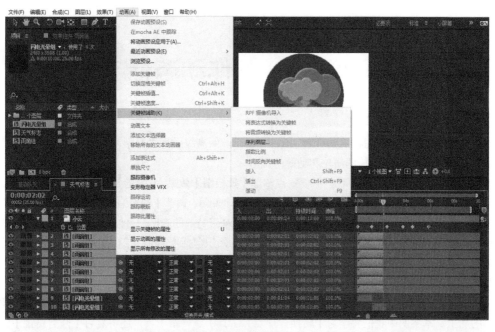

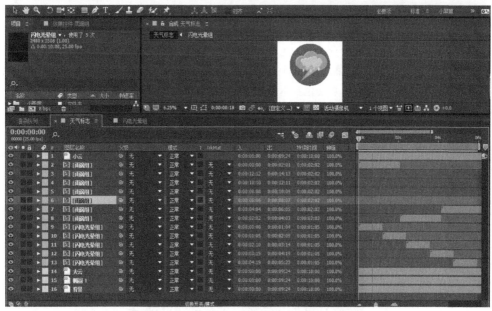

PRAT 4　制作动态标志

在 PART4 中，我们将主要针对 After Effects 的高级效果进行学习，通过对高级特效的掌握及应用来完成 UI 图标的质感和动效的调节。

在 PART4 的案例 12 中我们需要重点掌握【置换图】效果、【填充】效果、【电波】效果及【模糊】效果的应用方法；其次，添加蒙版的【简单抑制】、调节【图表编辑器】等知识点也是本节学习的重点，只有熟练掌握以上功能，才能完成高级特效的制作；另外，案例 12 在学习新的 After Effects 知识的同时也复习了之前案例学过的知识包括【TrkMat】的调节、【预合成】的添加、【父级】的链接和【添加】功能中的路径调整等，我们需要在温故而知新的过程中掌握 After Effects 这门软件。

在案例 13 中，我们主要通过对【钢笔工具】的熟练使用和【路径】的调节来完成图标质感的加工。本案例中我们将学习【转换"顶点"工具】这一新工具，还将复习【修剪路径】的添加和【贝赛尔曲线】的添加等知识点。

案例 14 是本部分中既简单又复杂的一节课程，简单在于本节没有过多的新知识点，复杂在于本节需要对【关键帧】有十分清晰的逻辑思维能力。本节需要掌握的新知识点是【从矢量图层创建形状】这一功能，此功能主要针对矢量图层与 After Effects 的形状图层转换；其次，针对锚点的【设置第一个顶点】功能也是本节的重中之重，此功能链接了本节的每一个数字的变化起点。

本部分的案例 15 相对前几个案例来说比较简单，主要是复习前面学习的知识，本案例掌握新知识【缓入】功能即可，另外对于利用【平移锚点】调节中心点知识的复习也需要熟练掌握。

▶案例12　制作一个平移效果的动态标志

01 打开 After Effects，在项目窗口单击右键选择【导入】→【文件】，选择需要的 PSD 素材，导入种类为【合成 - 保持图层大小】，图层选项为【合并图层样式到素材】。

02 双击打开导入的"素材",再在合成面板中打开"logo 素材 2"。

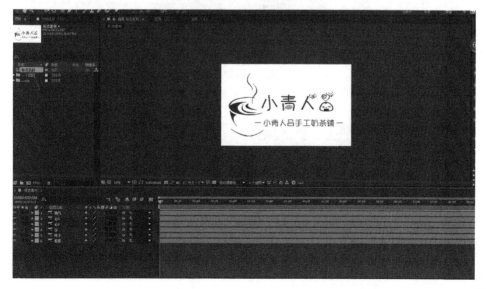

03　单击选中"热气"这一图层。

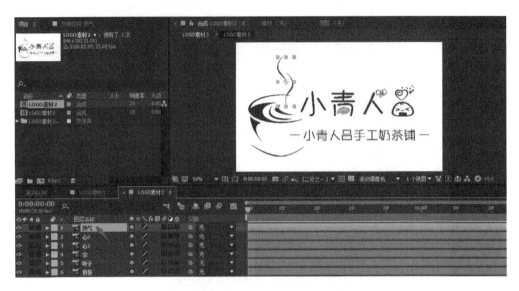

04　单击【三角形】标志，打开【变换】属性。

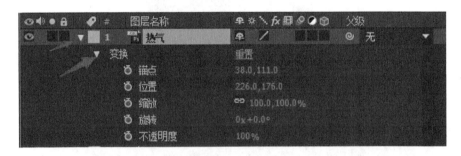

05　将【时间指针】调节至零秒零帧处，单击【不透明度】前的【小码表】标志设置关键帧，在 1 ~ 2 秒之间，均匀选取 2 ~ 3 个点插入关键帧，将【不透明度】的数值分别改为 100%、20%、100%（确保最后一帧数值为 100%），制造热气忽明忽暗的朦胧效果。

06 选择"字"图层，单击【变换】，将【时间指针】调节至零秒零帧处，单击【位置】前的【小码表】标志设置关键帧，更改【位置】后面的数值，将这一排字移动到图层之外，如图所示。

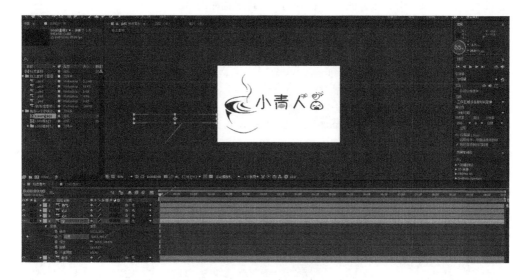

07 将【时间指针】调节至 1 秒处，并将字移动到合适位置。

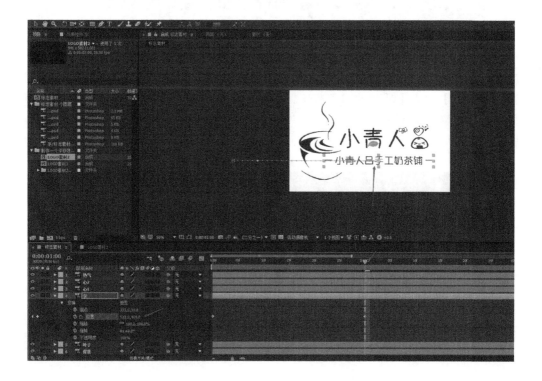

08 将【时间指针】调节至 1 秒处，单击【缩放】前的【小码表】标志添加关键帧，此时数值为【100】，将【时间指针】调节到在 1~2 秒的任意处，将【缩放】的数值改为【80】，将【时间指针】调节至 2 秒时，数值恢复为【100】，制造视觉冲击力。

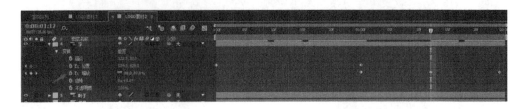

09 选中"心 2"这一图层，单击【变换】，将【时间指针】调节至零秒零帧处，单击【缩放】前的【小码表】标志设置关键帧，将数值改为【0】，将【时间指针】调节至 1 秒处，更改数值为【100】。

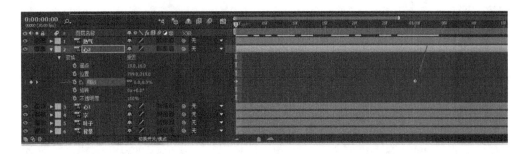

10 将【时间指针】调节至 1 秒处，单击【不透明度】前的【小码表】标志设置关键帧，此时数值为【100】，再将【时间指针】调节至 1 到 2 秒的任意位置，更改数值为【0】，再调节【时间指针】到 2 秒处，更改数值为【100】，"心 1"图层的变换也是这样重复"心 2"层，关键帧位置可以与"心 2"不同。

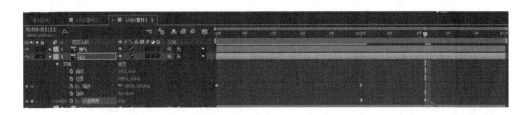

11 选中"叶子"这一图层，重复"字"层的动画，单击【变换】，将【时间指针】分别调节至 0 秒处和 2 秒处，单击【位置】前的【小码表】标志设置关键帧，分别调节数值，先将叶子上移至图层之外，在 2 秒处将叶子移至原有位置。

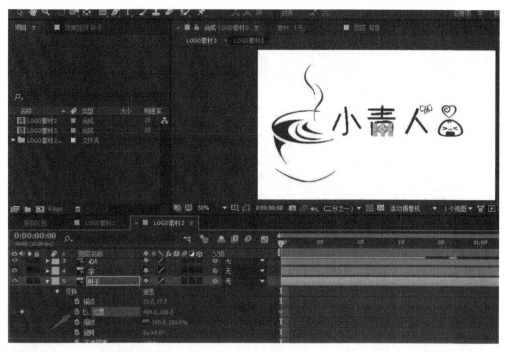

12 为制造叶子飘飘然落下的样子，在1～2秒之间可插入3或4个关键帧，每帧叶子的【位置】都向左或向右移动。

▶案例13　制作一个旋转效果的动态标志

01 打开 After Effects，在项目窗口单击右键选择【导入】→【文件】，选择需要的 PSD 素材，导入种类为【合成 - 保持图层大小】，图层选项为【合并图层样式到素材】。

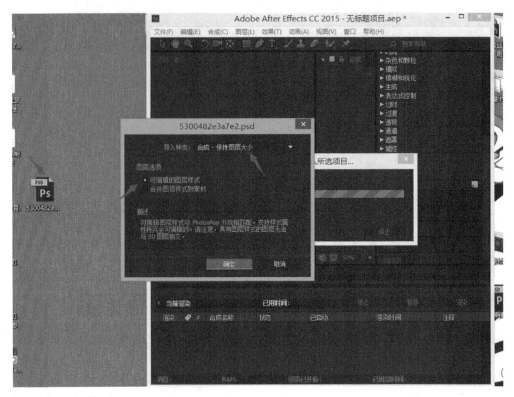

02 双击打开"素材"。

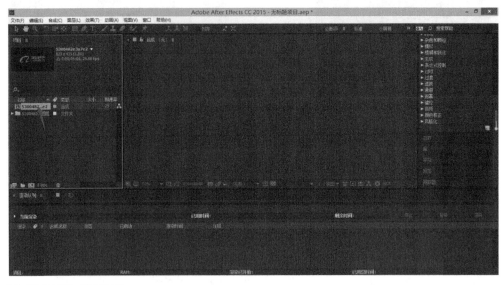

03 双击打开"图层 2"。

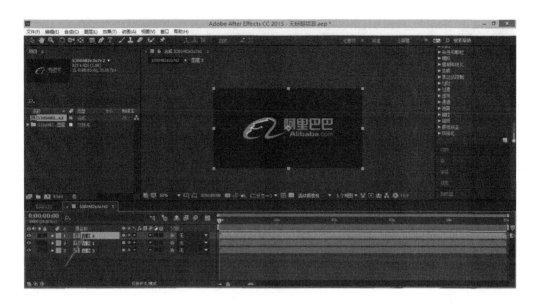

04 调节"编组"的【位置】，使其位置移到画面中间。

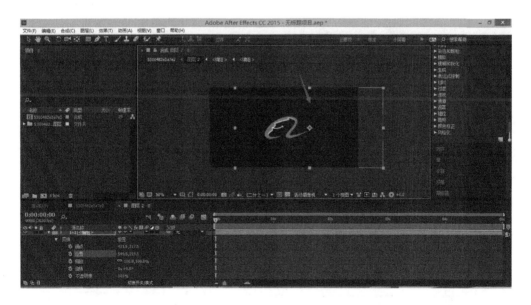

05 将【时间指针】调节到零秒零帧处，单击【不透明度】前的【小码表】标志设置关键帧，并将数值改为【0】。

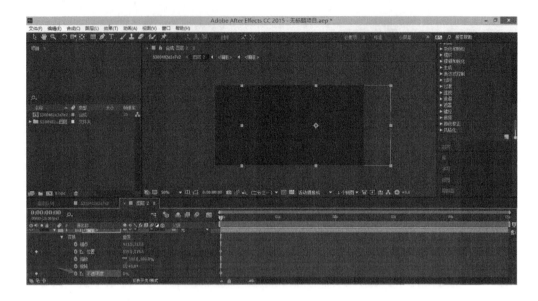

06 将【时间指针】调节至 1 秒处,调节【不透明度】的数值为【100】。

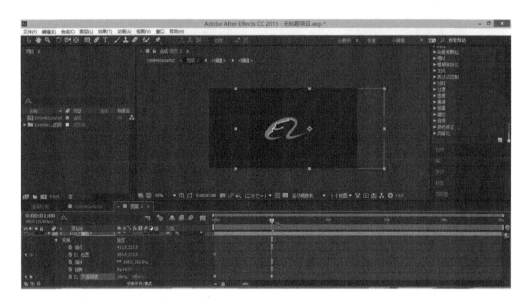

07 将【时间指针】调节至零秒零帧处,单击【旋转】前的【小码表】标志设置关键帧,此时数值不变。

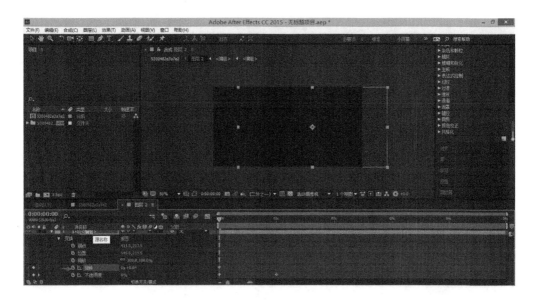

08 将【时间指针】调节至 1 秒处，调节【旋转】的数值为【1】，如图所示。

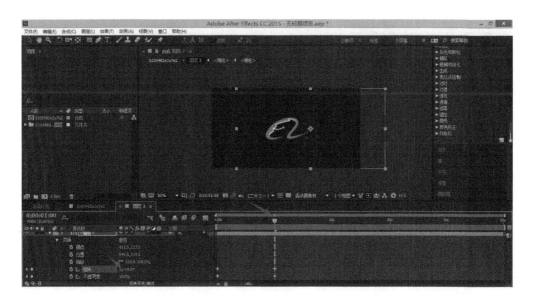

09 将【时间指针】调节至零秒零帧处，单击【缩放】前的【小码表】标志设置关键帧，此时调节【缩放】的数值为【10】。

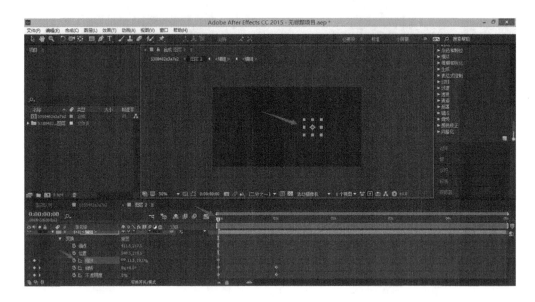

10 将【时间指针】调节至1秒处，调节【缩放】的数值为【100】。

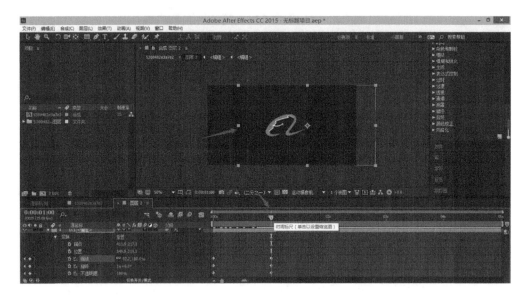

11 将【时间指针】调节至1秒处，单击【位置】前的【小码表】标志设置关键帧，此时位置不变。

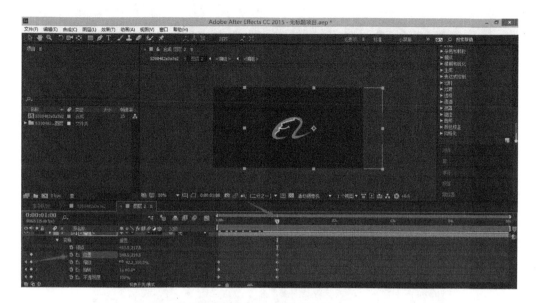

12 将【时间指针】调节到 1.5 秒处，调节【位置】的数值，使标志移动到画面左侧，如图所示。

13 回到刚开始导入的"素材"中，双击打开"图层 1"进入文字所在图层。

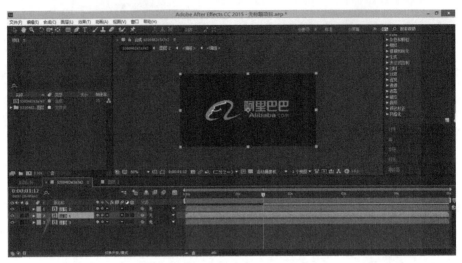

14 进入"图层 1"后，右键单击合成面板空白处，选择【新建】→【纯色】，制作一个遮罩层，
并设置"纯色图层"的颜色为黑色。

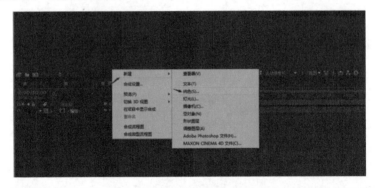

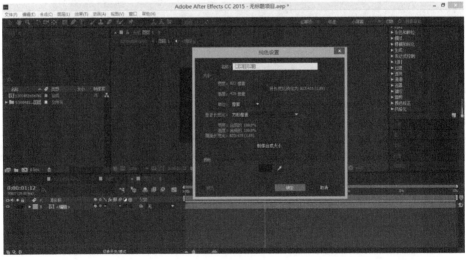

15 调节"纯色图层"的大小至如图所示。

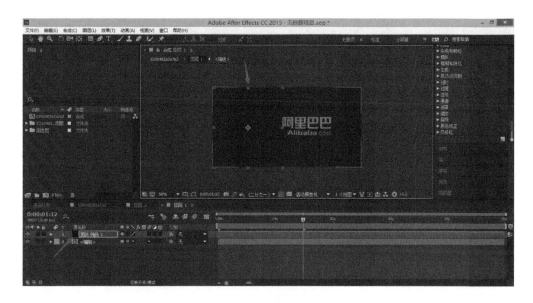

16 调节"文字"图层的【位置】，将其移到遮罩层下方。

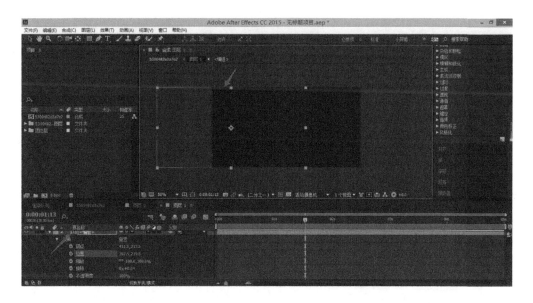

17 将【时间指针】调节到 1 秒处，单击【位置】前的【小码表】标志设置关键帧，此时数值不变。

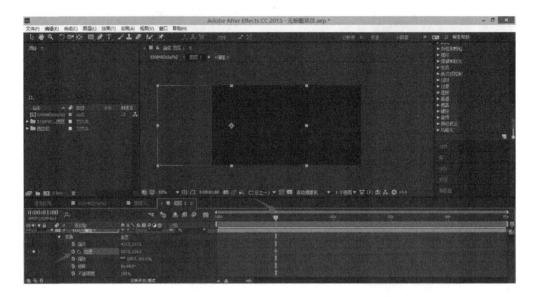

18 将【时间指针】调节至 1.5 秒处，更改【位置】数值，使文字在遮罩层中露出来。

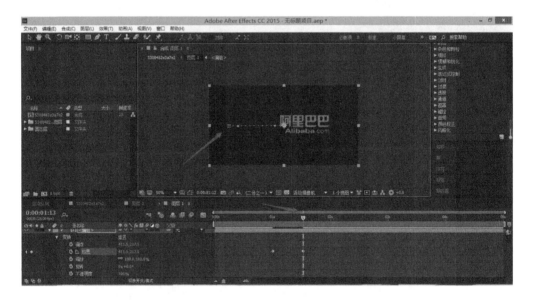

19 在 After Effects 面板的右侧【效果和预设】中搜索 "CC"，选择【cc light sweep】。

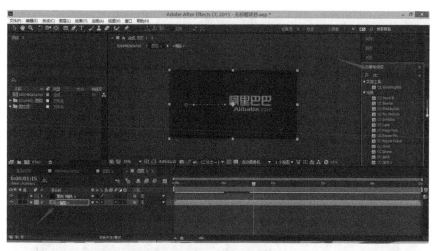

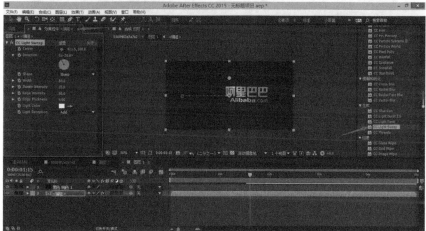

20　根据画面调节"光线扫射"的中心、角度和强度。

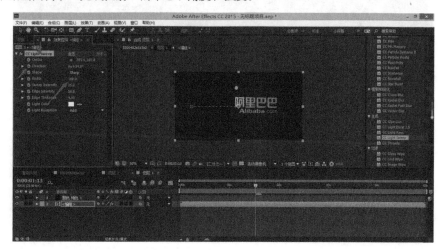

▶案例14　制作火箭上升的动态标志

01 打开 After Effects，在项目窗口单击右键选择【导入】→【文件】，选择需要的 PSD 素材，导入种类为【合成 – 保持图层大小】，图层选项为【合并图层样式到素材】。

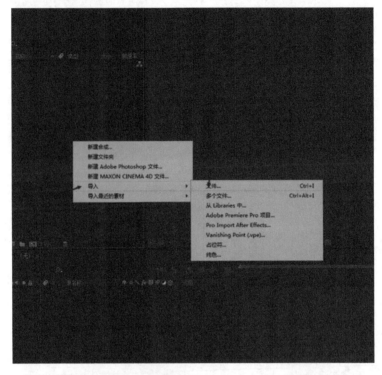

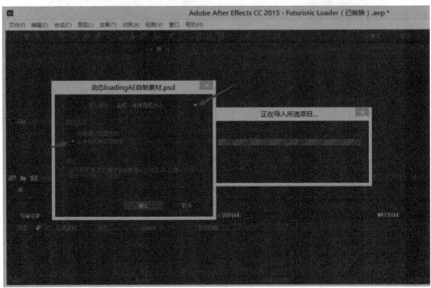

02 双击打开"火箭"素材，选中"椭圆 8"图层，按快捷键【R】调出【旋转】属性，将【时间指针】调节到零秒零帧处，单击【旋转】前的【小码表】标志设置关键帧，此时数值不变。

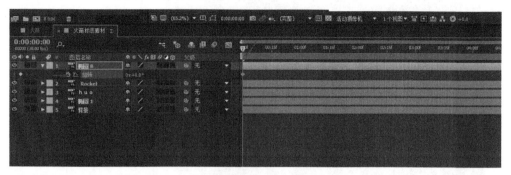

03 将【时间指针】调节至 2 秒处，将【旋转】后的数值改为【3】，这样这些小圆点就能旋转 3 圈。

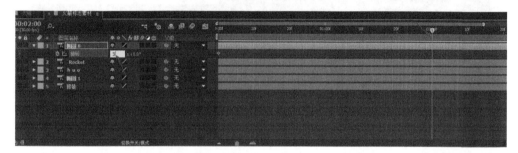

04 选中"Rocket"层，按快捷键【P】打开【位置】属性，将【时间指针】调节至零秒零帧处，单击【位置】前的【小码表】标志设置关键帧，调节【位置】后的数值，将图案移至画面外。

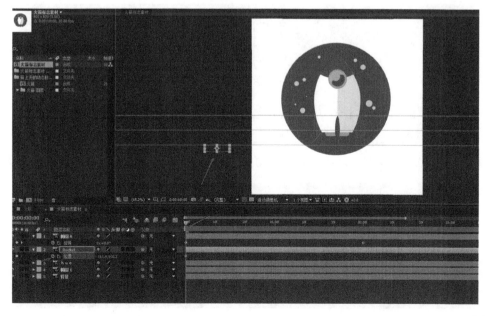

05 将【时间指针】调节至 2 秒处，调节【位置】的数值，将图标移至画面中心，如图所示。

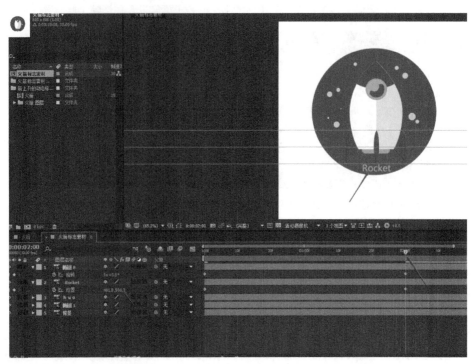

06 按快捷键【S】调出【缩放】属性，将【时间指针】调节至零秒零帧处，单击【缩放】前的
【小码表】标志设置关键帧，更改【缩放】的数值为【200】。

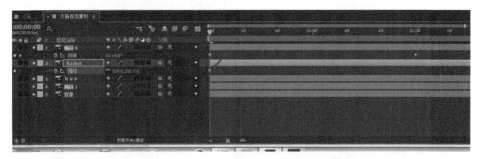

07 将【时间指针】调节至 2 秒处，更改【缩放】的数值为【100】。

08　选中"huo"层，按快捷键【P】打开【位置】属性，将【时间指针】调节至零秒零帧处，单击【位置】前的【小码表】标志设置关键帧，并修改【位置】的数值，将标志移动到画面外，如图所示。

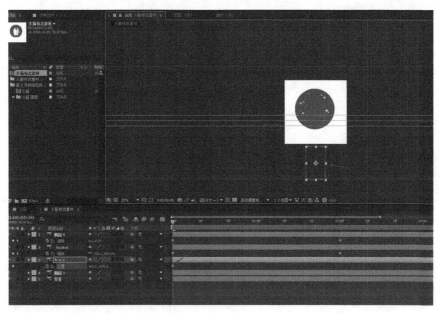

09　将【时间指针】调节至 2 秒处，调节【位置】的数值，使图标回到画面中心，如图所示。

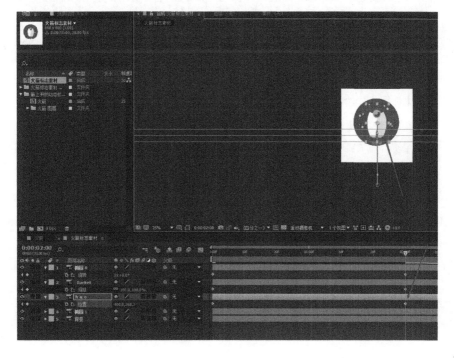

10 按快捷键【T】打开【不透明度】属性，将【时间指针】调节至零秒零帧处，单击【不透明度】前的【小码表】标志设置关键帧，并调整【不透明度】的数值为【30】。

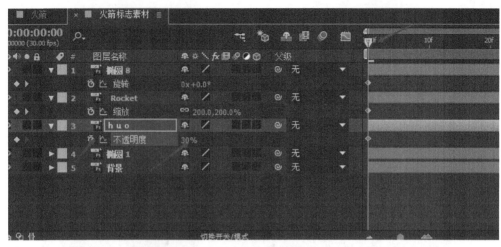

11 将【时间指针】调节着2秒处，更改【不透明度】的数值为【100】。

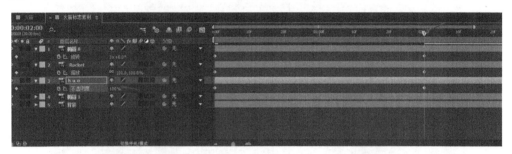

12 选中"椭圆1"层，按快捷键【R】调出【旋转】属性，将【时间指针】调节至零秒零帧处，单击【旋转】前的【小码表】标志设置关键帧，此时数值不变。

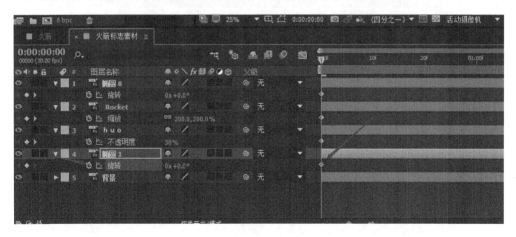

13 将【时间指针】调节至 2 秒处，更改【旋转】的数值为【3】。

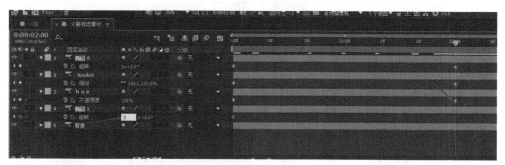

14 按快捷键【T】打开【不透明度】属性，将【时间指针】调节至零秒零帧处，单击【不透明度】前的【小码表】标志设置关键帧，并调整【不透明度】的数值为【0】。

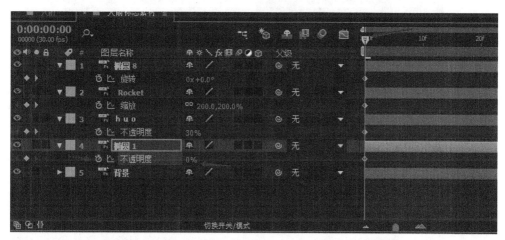

15 将【时间指针】调节至 2 秒处，更改【不透明度】的数值为【100】。

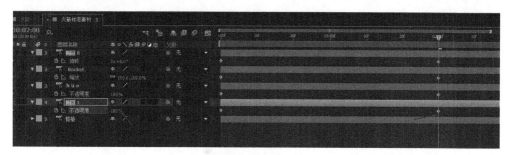

▶案例15　制作一个文字弹出的动态标志

01 打开 After Effects，在项目窗口单击右键，选择【导入】→【文件】，选择需要的 AI 素材，导入种类为【合成 – 保持图层大小】。

02　双击打开导入的"素材"。

03 选中"图层 2",按快捷键【S】打开【缩放】属性,将【时间指针】调节至零秒零帧处,单击【缩放】前的【小码表】标志设置关键帧,并将【缩放】后的数值更改为【0】。

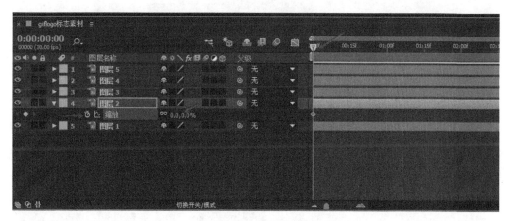

04 将【时间指针】调节至 1 秒处,更改【缩放】数值为【100】。

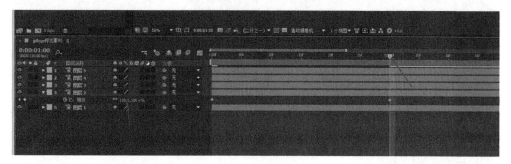

05 按快捷键【R】调出【旋转】属性,将【时间指针】调节至零秒零帧处,单击【旋转】前的

【小码表】标志设置关键帧，此时数值不变。

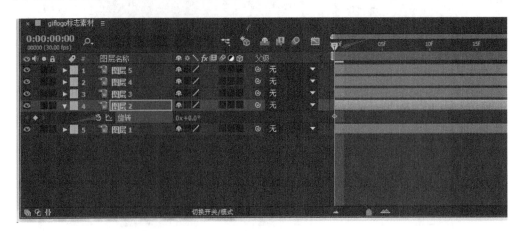

06 将【时间指针】调节至1秒处，更改【旋转】数值为【1】。

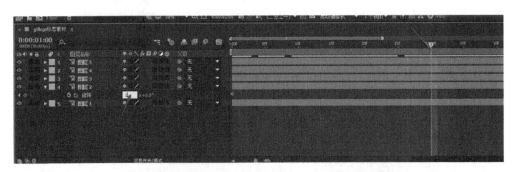

07 选中"图层3"，按快捷键【S】打开【缩放】属性，将【时间指针】调节至1秒处，单击【缩放】前的【小码表】标志设置关键帧，并将【缩放】后的数值更改为【0】。

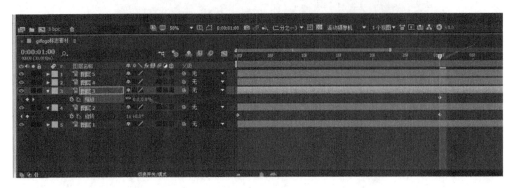

08 将【时间指针】调节至1秒零10帧处，更改【缩放】数值为【100】，并在1秒12帧处继续将数值修改为【0】。

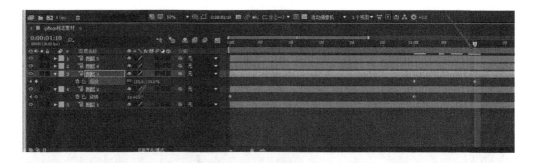

09　重复上一步，给"图层 4"分别在 1 秒 12 帧和 1 秒 15 帧处添加【缩放】关键帧，并调整数值为【0】和【100】。

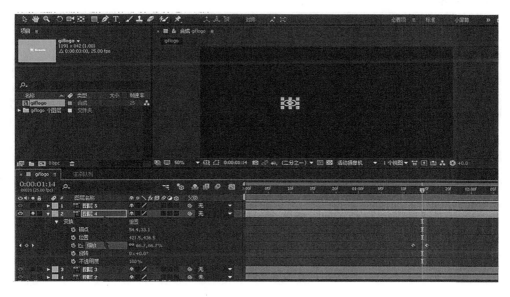

10　相同的方法给"图层 5"在 1 秒 10 帧、1 秒 12 帧和 1 秒 15 帧处添加【缩放】关键帧，并将数值设置为【0】、【120】和【100】。

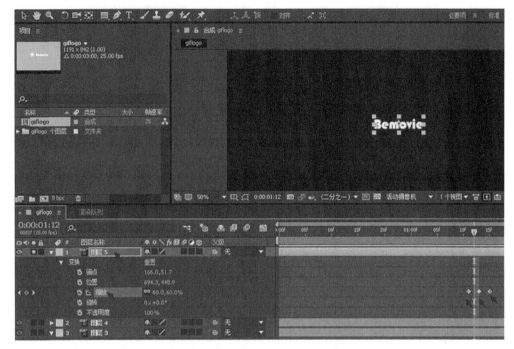

11 按快捷键【Ctrl+M】添加渲染列队即可。

PRAT 5　质感与特效动态效果

PART5 主要是针对之前学习的知识复习和结合，通过将之前的知识结合运用来完成更加复杂的手机界面 UI 动效。

本部分的案例 16 主要学习的特效是【湍流置换】效果，通过对【湍流置换】功能的调节可以完成水波纹的波动效果。另外本节还将介绍一些之前没接触的基础知识，即【蒙版路径】和【水平翻转】，这两个功能虽然操作简单，但也是 After Effects 学习中必不可少的功能。

案例 17 我们主要学习【表达式控制】中的【滑块控制】，虽然在之前的学习中对于【滑块控制】有过一些接触，但是本节更加生动的应用【滑块控制】这一功能制作了更加复杂的效果；另外本节的重点还包括对于图层属性与特效的【父子链接】关系的学习，这与之前学习的【父子链接】关系相似，所以掌握起来应该并不困难；本节的另一个重点是【表达式】的添加，这一功能同样在之前的学习中有所接触，所以是一个复习和巩固的过程。

案例 18 主要通过调节【关键帧】的移动速率来完成整个动画制作的精华，需要重点掌握的知识点是【编辑速度图表】的锚点调节以及【缓动】效果的添加。另外本节还会复习【置换图】效果的应用和【梯度渐变】效果的应用，这两个知识点也需要重点掌握。

案例 19 和案例 20 主要是针对之前所学的知识的结合的复习与巩固，需要掌握的新知识有【混合选项】的调节和【cc power pin】效果的添加，这两节大多数是之前学习过的知识点，所以基础知识的重要性在这两节动效的制作中不言而喻。

▶ 案例16　制作水波纹动态效果的图标

01 打开 After Effects，按快捷键【Ctrl+N】新建一个合成图层，设置【宽度】为【1280】，【高度】为【720】，【持续时间】为【10 秒】。

02 按快捷键【Ctrl+Y】新建一个纯色图层，选择颜色为白色，相同方法再建一个蓝色的。

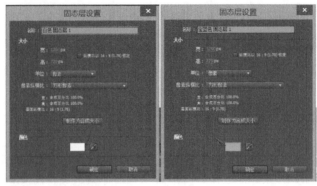

03 将"蓝色图层"移到"白色图层"的下方，如图所示。

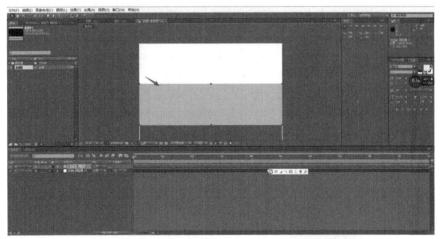

04 选中"蓝色层"，在工具栏中选择【效果】→【扭曲】→【置换图】。

05 将【最大水平置换】数值调为 0。

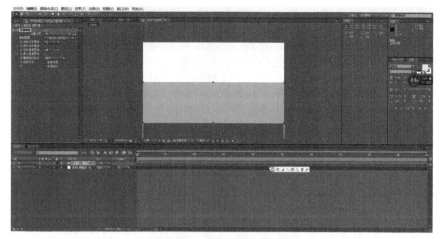

06 按快捷键【Ctrl+Y】新建一个纯色图层，选择颜色为灰色。

07 选中"灰色层"，在工具栏中选择【效果】→【生成】→【电波】。

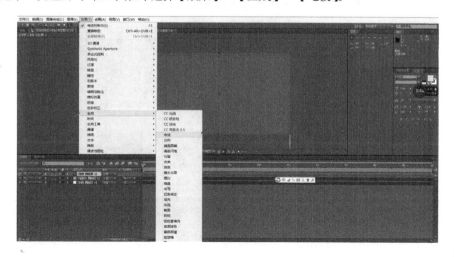

08 按快捷键【Ctrl+Shift+C】建立预合成，选择【移动全部属性到新建合成中】，并命名为"置换图"。

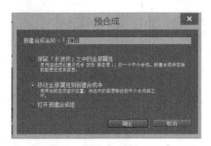

09 双击打开预合成"置换图"，并在效果控件中调整【电波】的各项数值，【频率】为【1.5】，【扩展】为【8.6】，【开始宽度】为【65.4】，【结束宽度】为【1】。

10 回到之前的"合成"中，选中"蓝色层"，在 After Effects 面板左上角的效果控件中将【置换选项】改为【置换图】，调节【最大垂直置换】的数值为【37】。

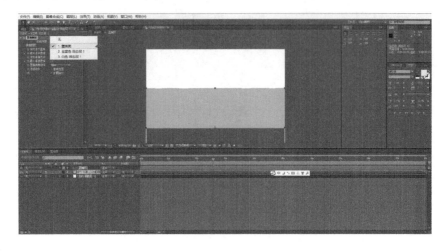

11 双击打开"置换图"合成，调节电波【产生点】，使其贴近左边。

12 调节完【电波】各项数值后，在工具栏中选择【效果】→【模糊与锐化】→【快速模糊】。

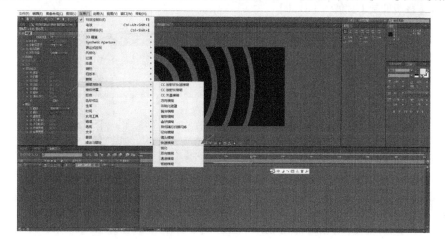

13 调节【快速模糊】的数值为【93】，调节【比例】放大"灰色层"，调大【模糊量】，勾选【重复边缘像素】。

14 回到"蓝色层"，为了去掉波纹上的毛边，选择【效果】→【蒙版】→【简单抑制】。

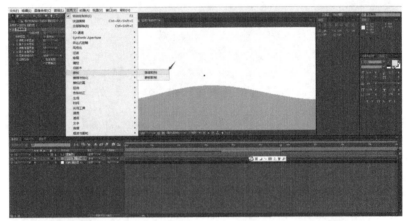

15 调节【蒙版抑制】数值为【12.1】。

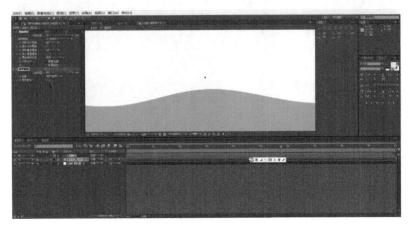

16 一同选中"置换图"层和"蓝色图层",按快捷键【Ctrl+Shift+C】建立预合成,并命名为
"波纹1"。

17 在工具栏中选择【矩形工具】,鼠标左键长按住【矩形工具】的图标,此时会出现其他形状
的绘制工具,单击【椭圆】,按住【Shift】键在画面中绘制一个正圆,选择【填充】为红色,
关闭【描边】选项。

18 选中"形状1"层,单击【TrkMat】下方的【下拉三角标志】,选择【Alpha 蒙版"形状
图层1"】,如图所示。

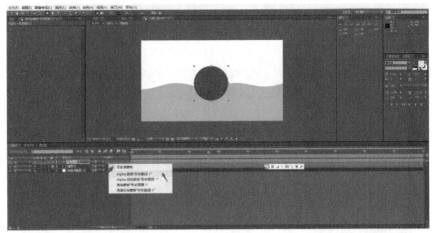

19　同时选中"波纹 1"和"形状图层 1",按快捷键【Ctrl+D】复制这两个图层。

20　选中底层的"波纹 1",选择【效果】→【生成】→【填充】。

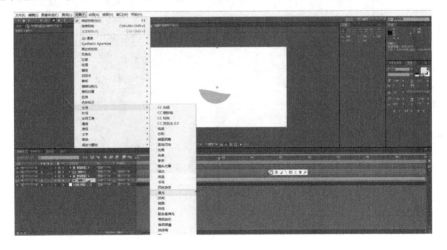

21 改变填充颜色为深一点的蓝色，并将其【位置】向右移动一点点，如图所示。

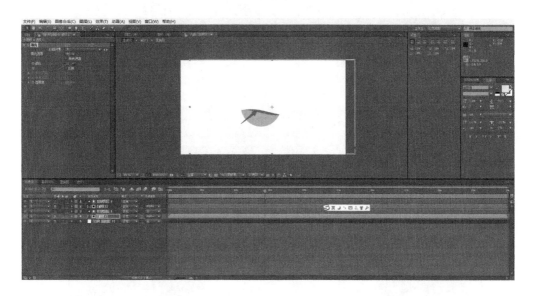

22 单击复制的"波纹 1"层后的【螺旋】标志并将其拖曳至原有的"波纹 1"层的任意处，使原有的"波纹 1"层成为复制的"波纹 1"层的父级。

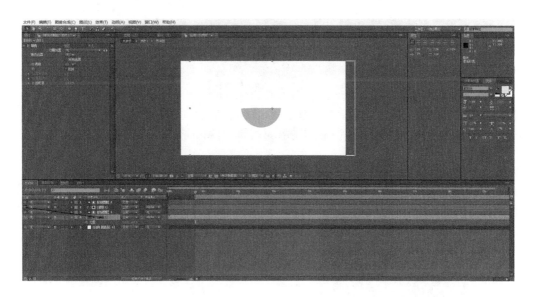

23 选中"波纹 1"层，将【时间指针】移动到 2 秒处，按快捷键【P】调出【位置】属性，单击【位置】前的【小码表】标志设置关键帧，并将"波纹 1"调节至看不见的地方。

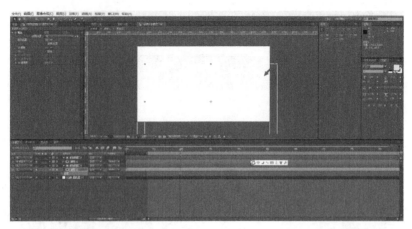

24　将【时间指针】移动到 3 秒处，按住【Shift】键将"波纹 1"移动到画面中。

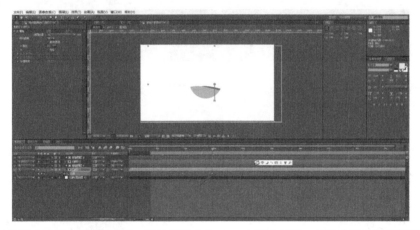

25　在工具栏中选择【钢笔工具】，按快捷键【Ctrl+R】调出标尺，然后在浅蓝与深蓝的交界处绘制一条直线，并取消【填充】，【描边】选择第二项，如图所示。

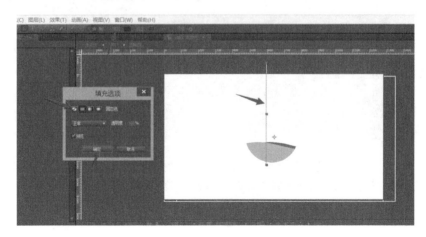

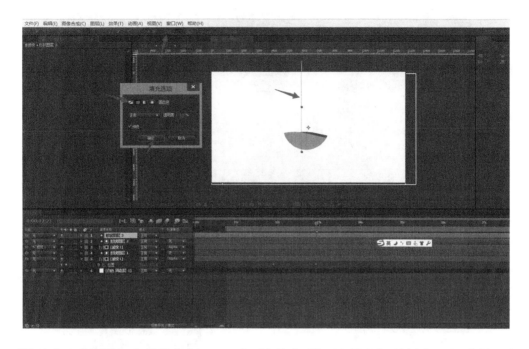

26 选中"形状图层 3"并单击【TrkMat】下方的【下拉三角标志】，选择【Alpha 蒙版"形状图层 4"】，如图所示。

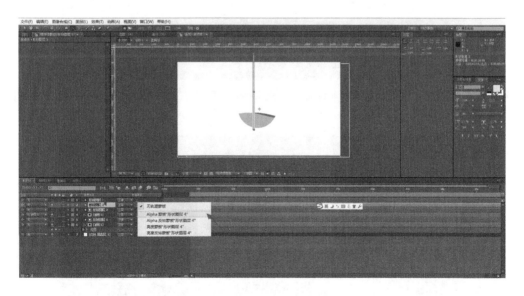

27 为了使蓝色水柱不穿帮，新建"形状图层 4"，选择【钢笔工具】，在原有的红色区域扩大覆盖面积。

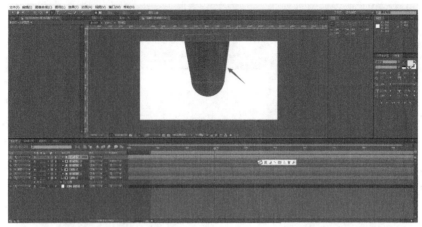

28 选择"形状图层3",单击【添加】→【修正路径】。

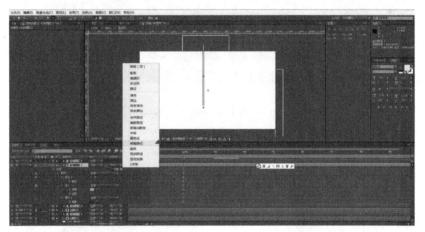

29 调节"路径1",向上移动移至图片外,使水柱有下降感,并在1秒和2秒处设置【结束】关键帧,数值分别是【0】和【100】。

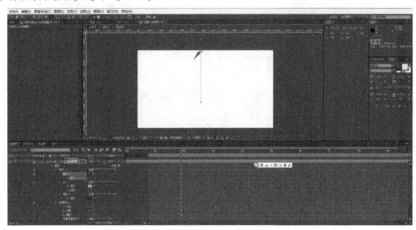

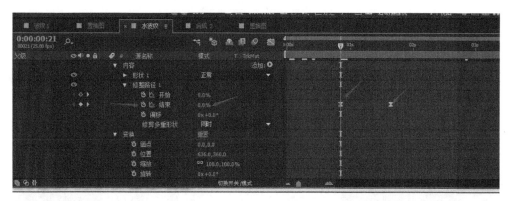

30 单击合成面板右上角的【图表编辑器】，调节曲线的角度，使水柱下降速度有逐渐加快的感觉，使下坠感更加明显。

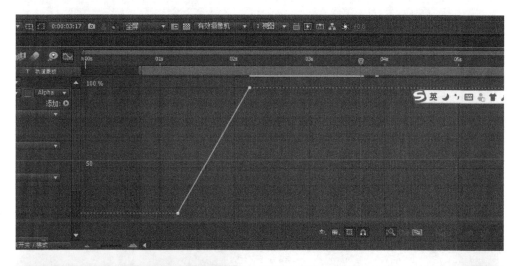

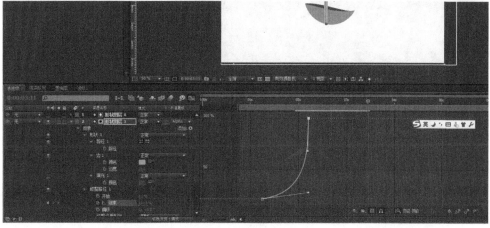

31 选择"波纹 1"层，分别在 2 秒、2.7 秒、3 秒和 4.2 秒处设置【位置】关键帧，制作"波纹"上下波动的效果。

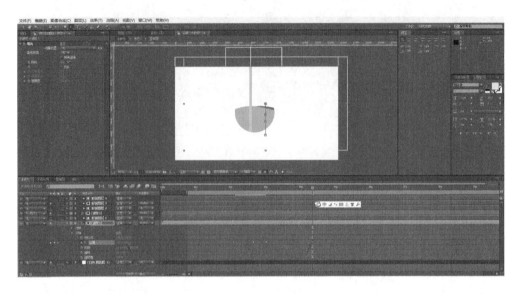

32 双击打开"置换图"层，在 4.5 秒和 6 秒处分别设置【不透明度】关键帧，将数值从【100】调整为【0】。

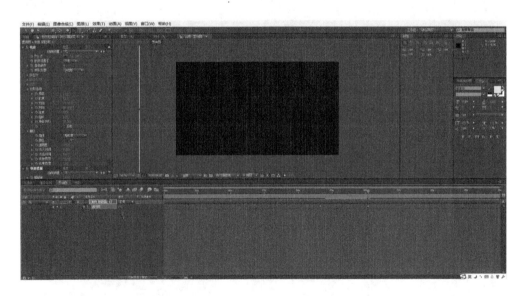

33 双击打开"形状图层 3"，调节【边宽】，并在 4.5 秒和 5 秒处设置关键帧，将【变宽】数值由【20】调至【8】，使水柱越来越细。

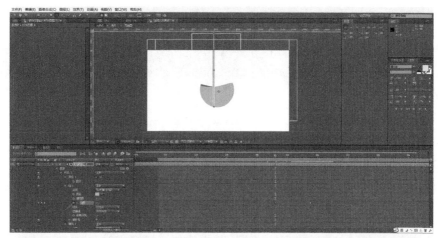

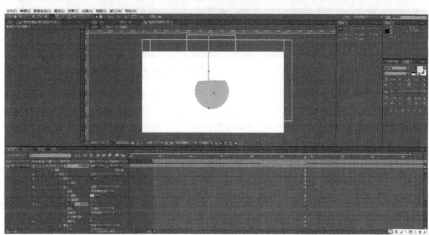

34 在 6 秒和 7 秒处分别设置【修建路径】下的【开始】关键帧，将数值由【0】调节到【70】。

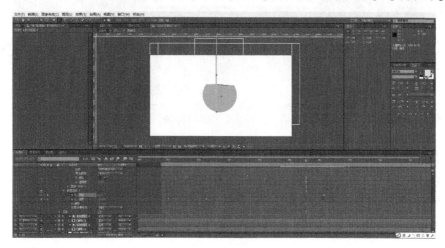

35 重复第 29 步，调整【开始】的曲线。

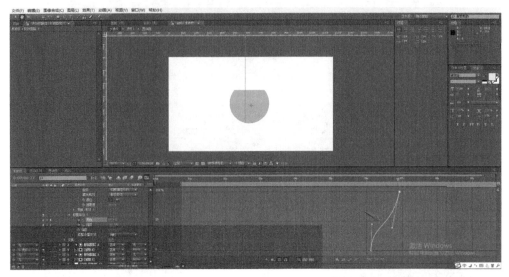

36 选择【文字工具】输入"evain"，使用"吸管工具"调节文字颜色，使文字和浅蓝色保持同一颜色，并将文字挪入水波纹中。

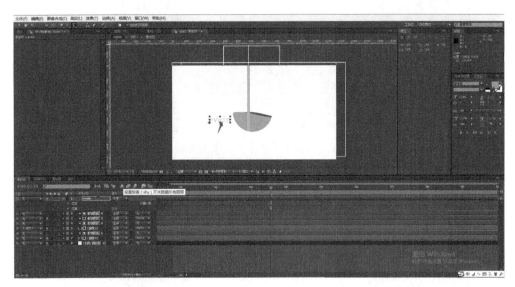

▶案例17　制作栅格化苹果图标动态效果

01 打开 After Effects，在项目窗口单击右键，选择【导入】→【文件】导入 PSD 自制素材图层，导入种类为【合成 – 保持图层大小】，图层选项为【合并图层样式到素材】。

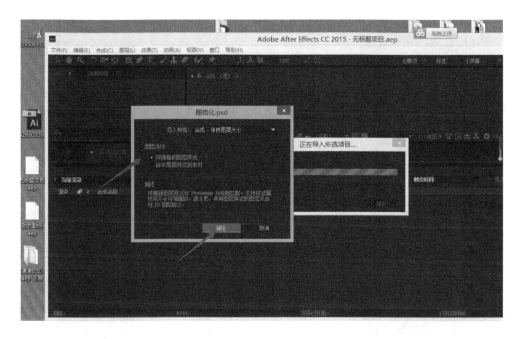

02 双击打开"栅格化"素材，进入到"栅格化"合成。

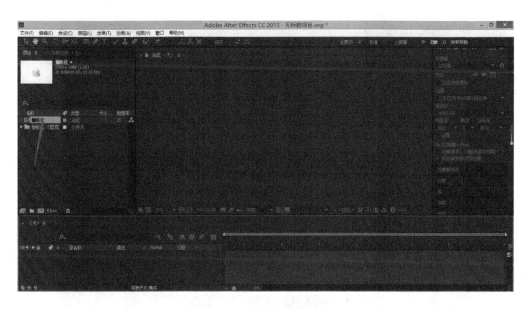

03 选择工具栏中的【钢笔工具】，沿着 logo 的外形绘制轮廓，如图所示。

04 长按【钢笔工具】，在弹出的选项中选择【转换"顶点"工具】，把线条调节至与 logo 外形吻合，并将形状图层重命名为"苹果外圆"，如图所示。

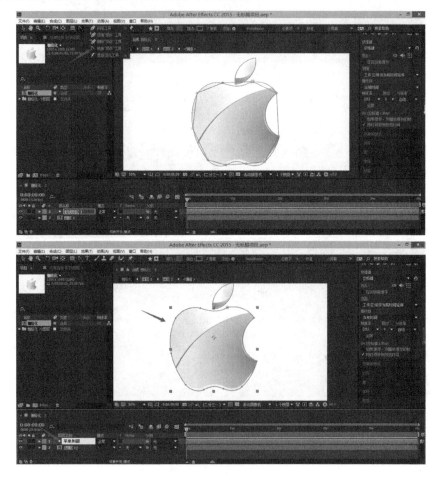

05 在工具栏中长按【矩形工具】，选择选项中的【椭圆工具】，在画面中绘制一个椭圆。

06 调节"椭圆"，使椭圆与 logo 左上角弧度吻合，按快捷键【Ctrl+D】复制椭圆，并将复制好的椭圆移到 logo 右上角，如图所示。

07 重复上一步，再为 logo 绘制两个椭圆移到左下和右下，如图所示。

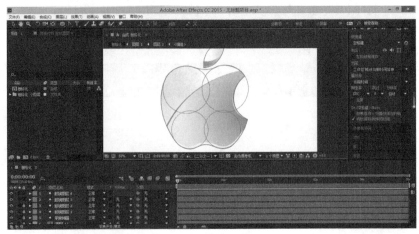

08　再用相同方法绘制一个椭圆放在苹果 logo 的缺口处。

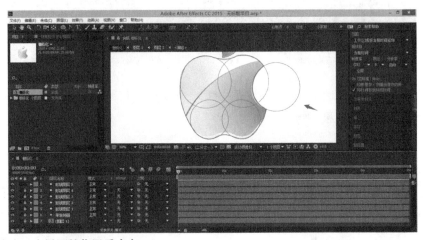

09　依次为 5 个椭圆按位置重命名。

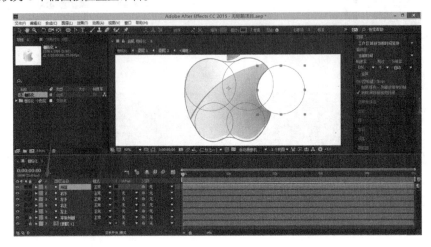

10 选择"外圆"层，单击【内容】后的【添加】按钮，选择【修剪路径】。

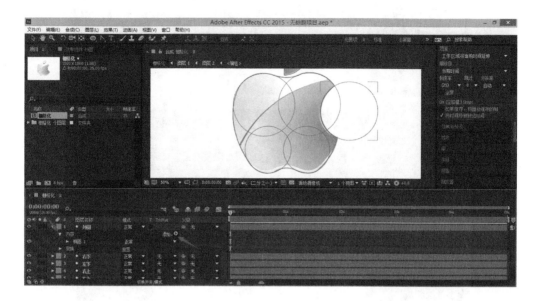

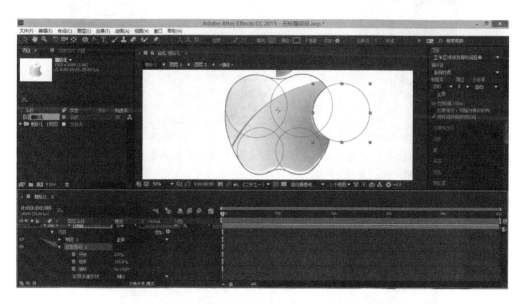

11 将【时间指针】调节至零秒零帧处，单击【修剪路径】下【结束】前的小码表标志设置关键帧，并将【结束】的数值设置为【0】。

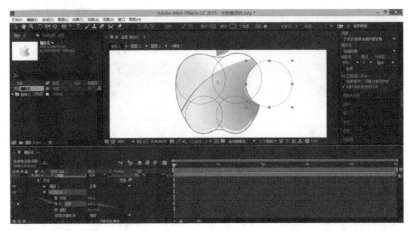

12 将【时间指针】调节至 0.5 秒处，并把数值调节到【100】。

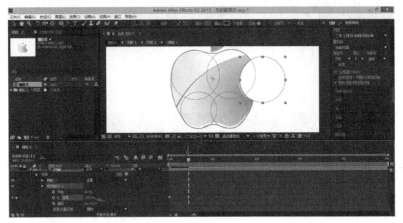

13 重复上一步，依次为几个椭圆添加【修剪路径】，并插入【结束】关键帧，注意设置关键帧时时间要错开，如图所示。

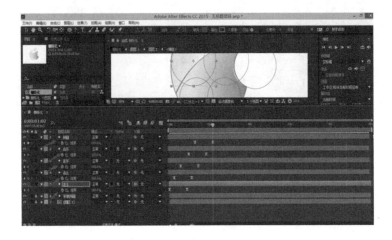

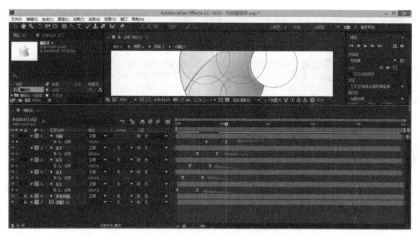

14 选中这几层的关键帧，单击右键【插入关键值】→【贝赛尔曲线】。

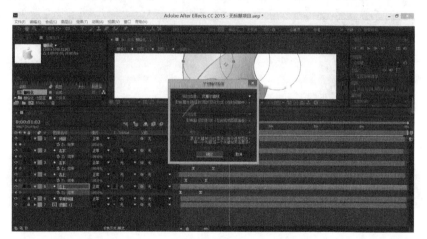

15 选中这 5 个图层，按快捷键【Ctrl+Shift+C】把 5 个椭圆添加到一个预合成中，并命名为 "圆"。

16　选中"圆"层，分别在1秒20帧处和2秒处添加【不透明度】关键帧，并将数值设置为【100】和【0】，使"圆"逐渐消失。

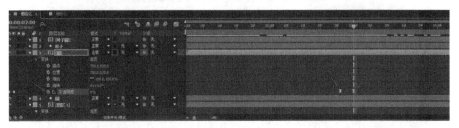

17　选择"苹果外圆"层，单击【添加】→【修剪路径】，并分别在1秒和1秒5帧处添加【结束】关键帧，并将数值设置为【0】和【100】。

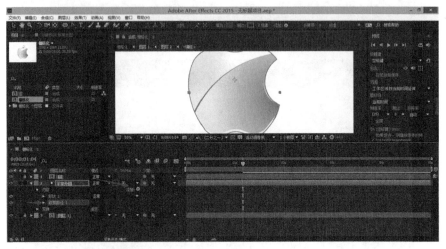

18　绘制一个椭圆，使其吻合苹果叶子的弧度。

19 按快捷键【Ctrl+D】复制椭圆，并调节椭圆的位置，使其吻合叶子边缘，为两个椭圆命名为"上"和"下"。

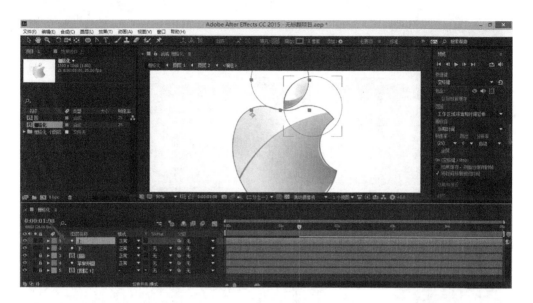

20 使用【钢笔工具】，绘制出叶子的外形，并长按【钢笔工具】，在弹出的选项中选择【转换"顶点"工具】，调节叶子的轮廓。

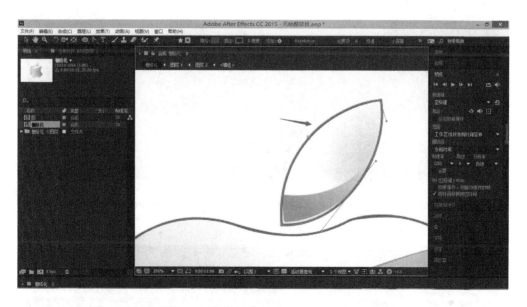

21 选择"上"层，单击【添加】→【修剪路径】。

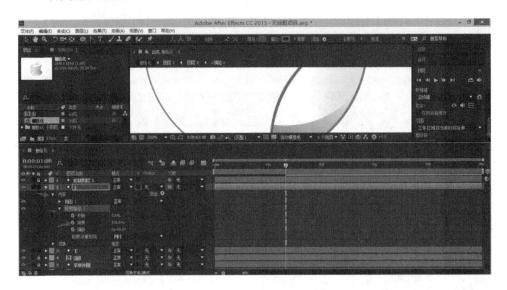

22 分别在 2 秒 10 帧和 2 秒 15 帧处设置【结束】关键帧，数值设置为【0】和【100】。

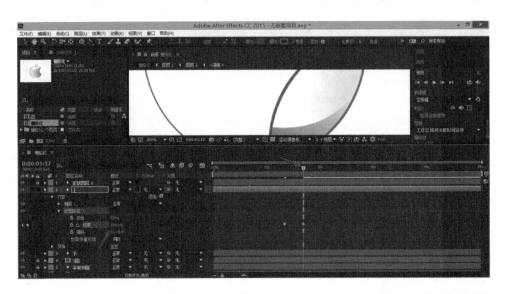

23 重复上一步，为"下"层添加【修剪路径】，并在 2 秒 10 帧和 3 秒处添加【结束】关键帧，数值为【0】和【100】。

24 选中"上"和"下"层的关键帧，单击右键【插入关键值】→【贝赛尔曲线】。

25 选中"上"和"下"层，按快捷键【Ctrl+Shift+C】将两个椭圆添加到一个预合成中，并命名为"叶子"。

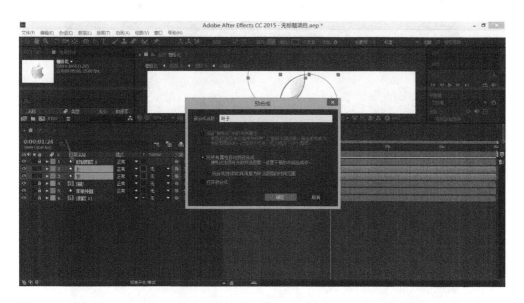

26 选中"叶子"层，在1秒20帧和2秒处为"叶子"层添加【不透明度】关键帧，数值是【100】和【0】。

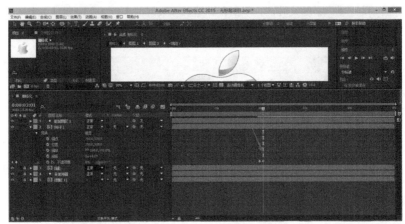

27 为绘制的叶子轮廓的"形状图层1"添加【修剪路径】，并在2秒和2秒15帧处添加【结束】关键帧，数值为【0】和【100】。

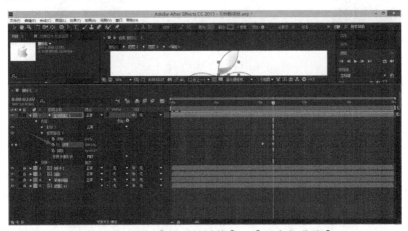

28 选中两个关键帧，单击右键，选择【插入关键值】→【贝赛尔曲线】。

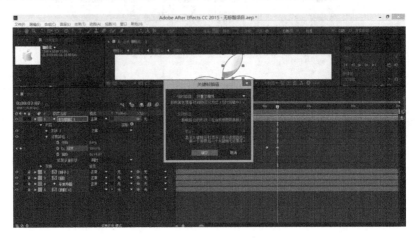

29 选中原始的素材"图层1"，在2秒10帧和3秒处添加【不透明度】关键帧，数值为【0】和【100】。

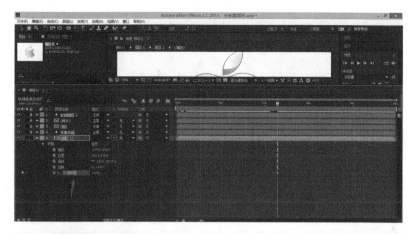

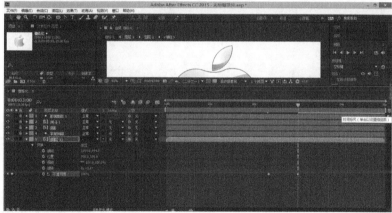

30 按快捷键【Ctrl+M】将做好的动画添加到渲染列队，渲染即可。

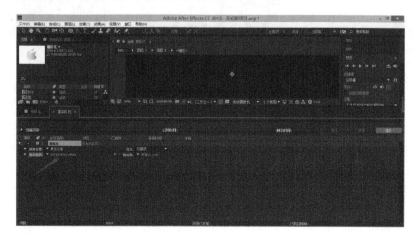

案例18 制作数字倒数变形图标

01 打开 AI，新建一张白纸，用【文字工具】输入【3210】。

02 使用【选择工具】拉大数字，并且调整字体和大小。

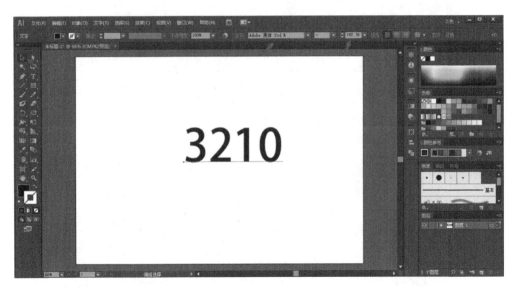

03 单击【对象】→【扩展】→【确定】。

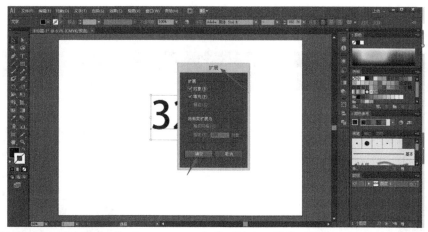

04 使用【直接选择工具】，将"3、2、1、0"分别选中，并分别编组。

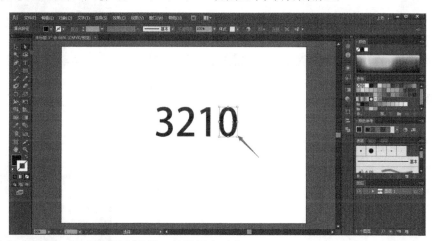

05 将"3、2、1、0"分别复制粘贴，并且居中对齐。

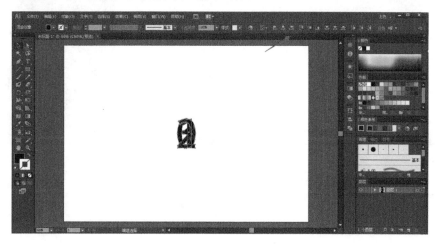

06 设置【描边】、【填色】，产生描边的效果。

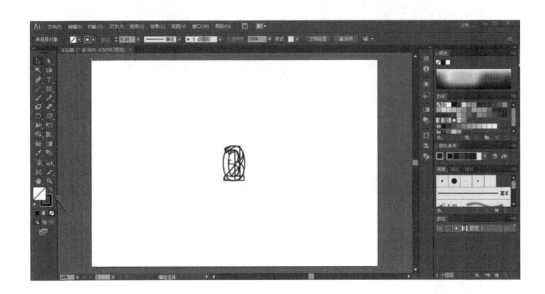

07 单击【文件】→【存储为】，存储文件到桌面。

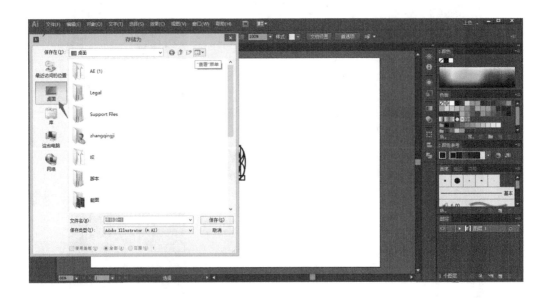

08 打开 After Effects，在项目窗口单击右键【导入】→【文件】，选择刚做好的 AI 素材，导入种类为【合成 – 保持图层大小】。

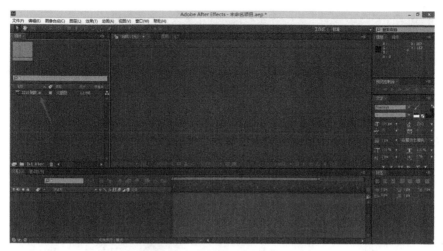

09 按快捷键【Ctrl+N】新建一个合成，设置背景色为白色。

10 将导入的 AI 文件直接拖到"合成 1"里，并放大查看效果。

11 选中 AI 文件 "3210 倒数" 层，单击右键选择【从矢量图层创建形状】。

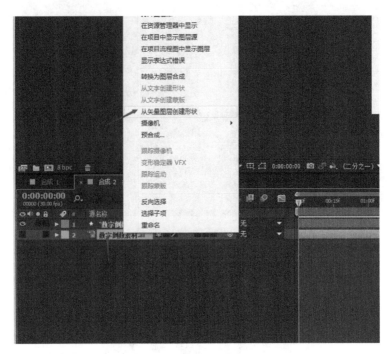

12 按【Delete】键删除这个 AI 文件。

13 单击 "3210" 层前的【三角】标志，打开【目录】，把 4 个编组分别对应重命名为 "3" "2" "1" "0"。

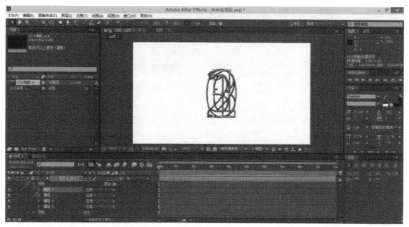

14 选中"0"层的【路径】，把里面的小 0 路径删掉。

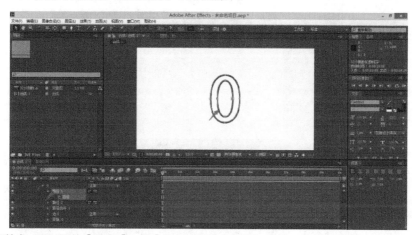

15 选择数字"3"层的【路径】，用【选择工具】框选"3"最下边的一个锚点，单击右键，选择【蒙版和形状路径】→【设置第一个顶点】。

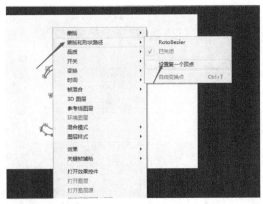

16 将【时间指针】调节至 1 秒处，单击【路径】前的【小码表】标志设置关键帧。

17 选择数字"2"的【路径】，选择【钢笔工具】在数字"2"的底部添加一个锚点，用【选择工具】框选添加的点，单击右键，选择【蒙版和形状路径】→【设置第一个顶点】。

18 将【时间指针】调节至 1 秒处，单击【路径】前的【小码表】标志设置关键帧。

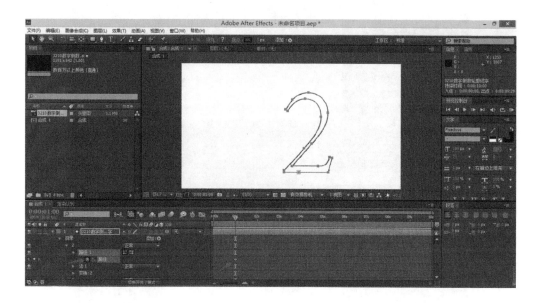

19 选择数字"1"的【路径】，用【钢笔工具】在底部添加一个锚点，用【选择工具】框选添加的点，单击右键【蒙版和形状路径】→【设置第一个顶点】。

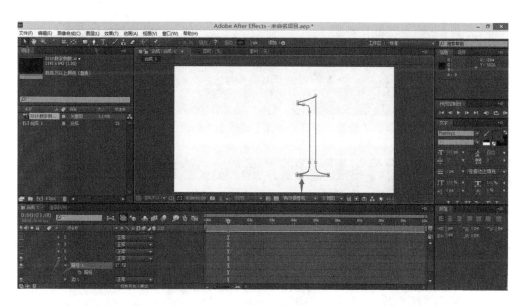

20 将【时间指针】调节至 1 秒处，单击【路径】前的【小码表】标志设置关键帧。

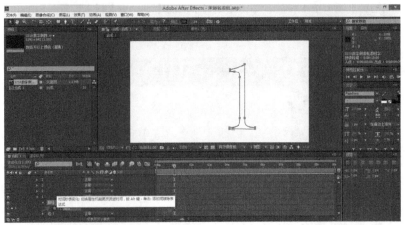

21 选择数字"0"的【路径】，用【选择工具】框选下边的点，单击右键【蒙版和形状路径】→【设置第一个顶点】。

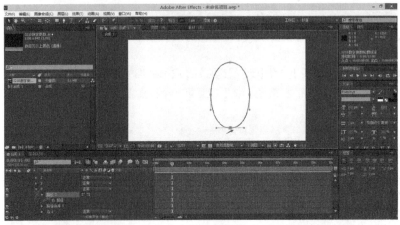

22 将【时间指针】调节至1秒处，单击【路径】前的【小码表】标志设置关键帧。

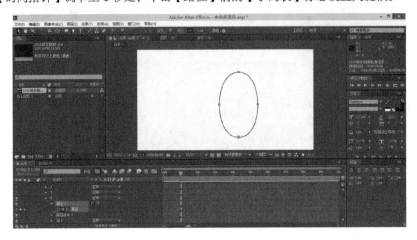

23 调整目录的顺序为 "3" "2" "1" "0"。

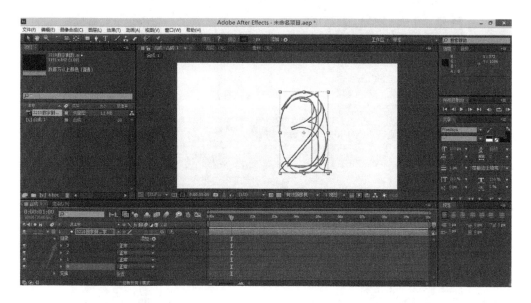

24 选中 "3210 数字倒数" 层，按快捷键【U】显示所有关键帧，将【时间指针】调节到 2 秒处，把 "路径 2" 的关键帧复制然后粘贴到 "路径 3" 的 2 秒处。

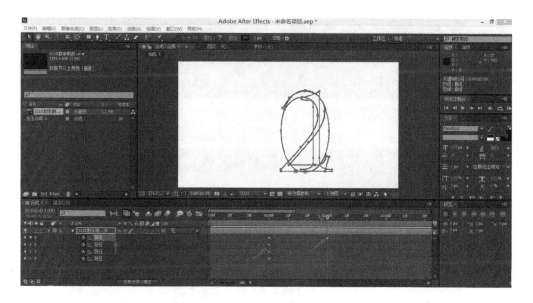

25 将【时间指针】调节到 3 秒处，把 "路径 1" 的关键帧复制粘贴到 "路径 3" 的 3 秒处。

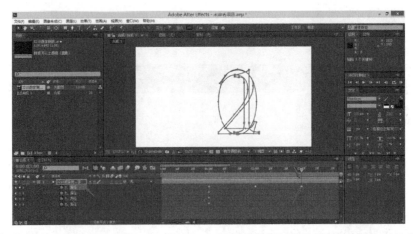

26 将【时间指针】调节到 4 秒处，把"路径 0"的关键帧复制粘贴到"路径 3"的 4 秒处。

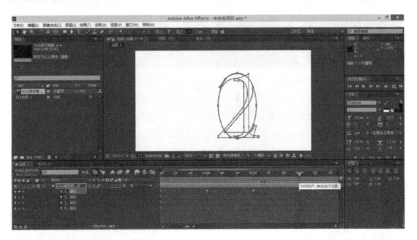

27 删除"2""1""0"三层，只留下"3"层。

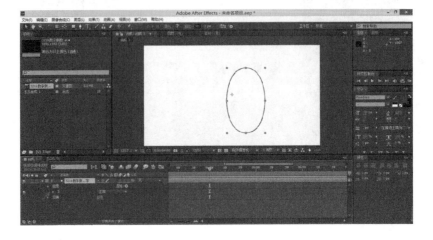

28 单击"路径 3"下的【边 1】，【线段端点】选择为【圆头端点】，【线段连接】选择为【圆角连接】。

29 选择"路径 3"，把 1 秒处的关键帧复制粘贴到 0 秒处。

30 把 2 秒处的关键帧拖到 1 秒 15 帧处。

31 把 1 秒 15 帧的关键帧复制粘贴到 2 秒 15 帧处。

32 把 3 秒处的关键帧复制粘贴到 4 秒关键帧，4 秒关键帧拖到 4 秒 15 帧处。

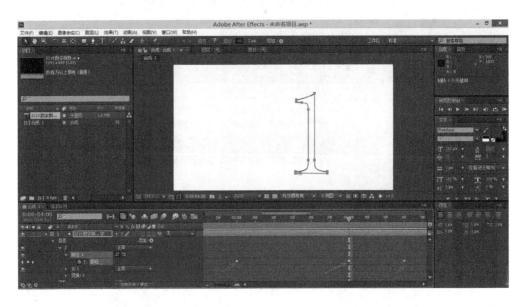

33 将关键帧全部选中，单击【曲线编辑器】，在时间轴下方单击【选择图形类型和选项】→【编辑速度图表】。

34 选中全部关键帧，单击【柔缓曲线】。

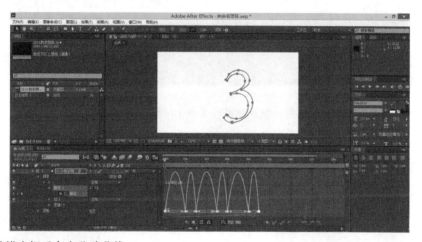

35 调节锚点把手向左移动曲线。

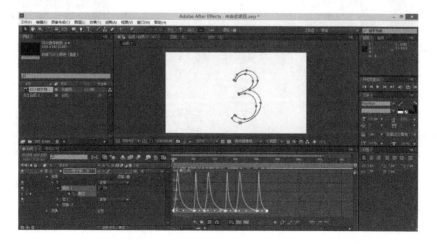

36 单击"路径3"下的【变换】→【缩放比例】,分别在25帧、1秒和1秒15帧处设置【缩放】关键帧,数值分别为【100】、【115】、【100】。

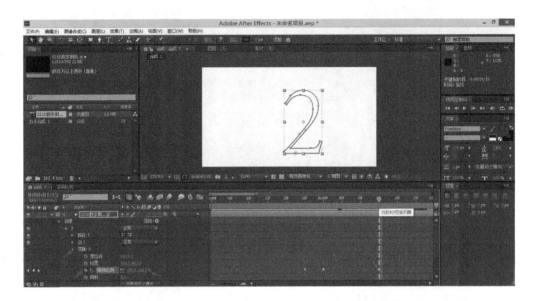

37 把做好的3个关键帧全部选择、复制粘贴到2秒15帧处,再复制粘贴到4秒处。

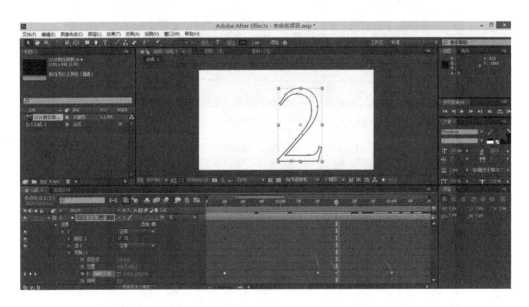

38 将【时间指针】调节到零秒零帧处,单击【添加】→【修剪路径】,把描边变成紫色。

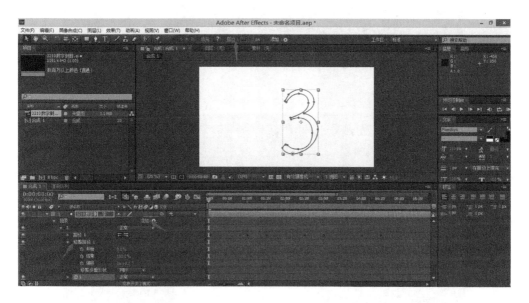

39 调整【修剪路径】的数值，首先将【开始】的数值设置为【25】，然后分别在 0 秒和 5 秒
15 帧处设置【偏移】关键帧，数值为【0】和【1】。

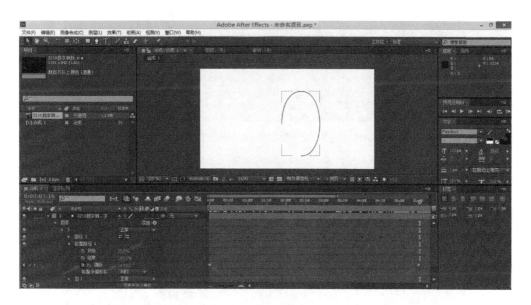

40 收起 "3" 层的选项并选中 "3" 层，按快捷键【Ctrl+D】复制一个命名为 "4"，打开 "4"
的【边 1】→【颜色】，换一个颜色。

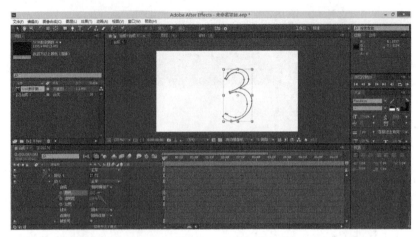

41 打开 "4" 的【修剪路径】，将【开始】的数值设置为【50】。

42 选中 "4"，按快捷键【Ctrl+D】复制一个命名为 "5"，打开【边】→【颜色】，换一个颜色。

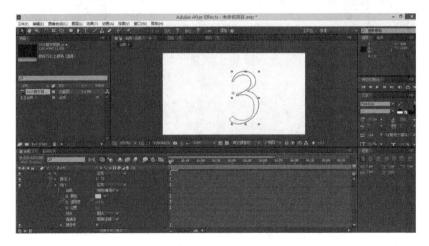

43 打开"5"的【修剪路径】，将【开始】的数值设置为【75】。

44 选中"5"，按快捷键【Ctrl+D】复制一个命名为"6"，打开【边】→【颜色】，换一个颜色。

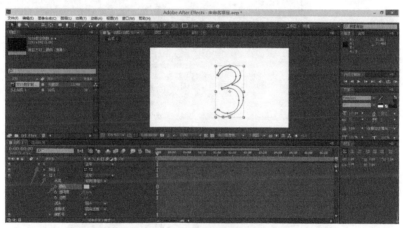

45 打开"6"的【修剪路径】，将【开始】的数值设置为【25】，将【结束】的数值设置为【0】。

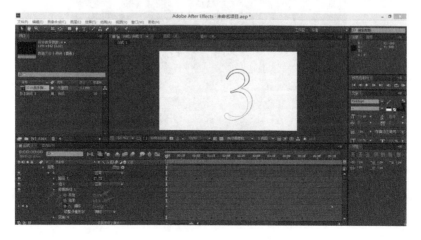

46 这样，数字倒数动态就制作完成了！

▶案例19　制作时钟律动动态效果

01 打开 After Effects，首先在面板区域单击鼠标右键，选择【新建合成】，在【合成设置】面板底部，将【背景颜色】设置为黑色。

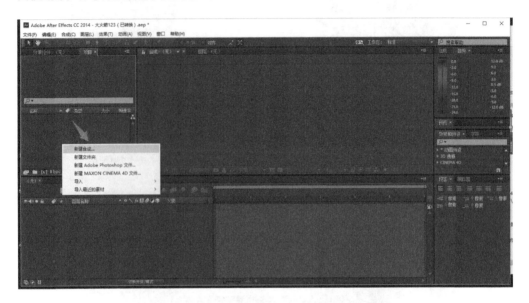

02 在项目窗口单击右键，选择【导入】→【文件】导入 PSD 自制素材图层，导入种类为【合成－保持图层大小】，图层选项为【合并图层样式到素材】。

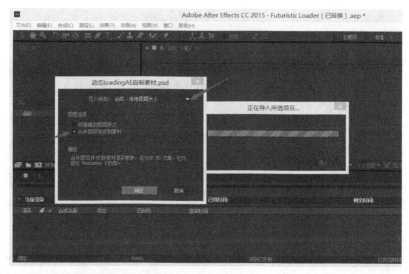

03 直接拖曳导入的"素材"到"合成1"。

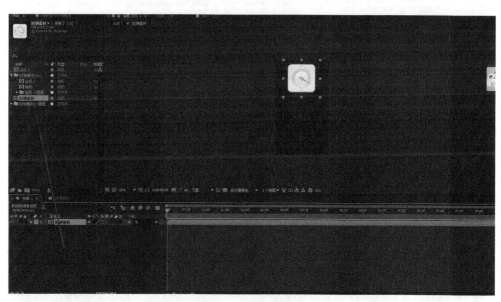

04 选中"时钟素材",按快捷键【P】调出【位置】属性。

05 将【时间指针】调节至零秒零帧处，单击【位置】前的【小码表】标志设置关键帧，并调节【位置】后的数值，使"时钟标志"移动到画面上方，如图所示。

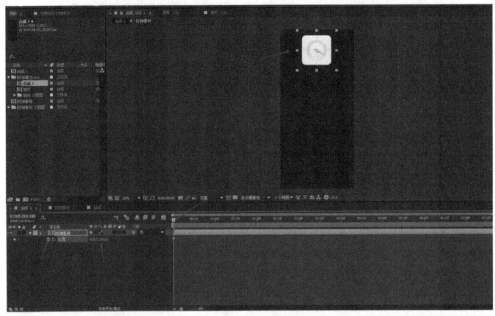

06 将【时间指针】调节至 3 秒处，调节【位置】后的数值，使"时钟标志"移动到画面下方。

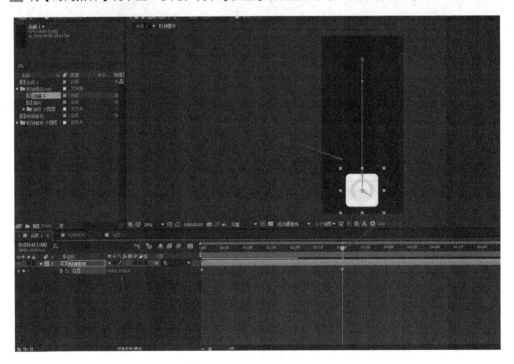

07 选中这两个关键帧，单击鼠标右键选择【关键帧辅助】→【缓入】。

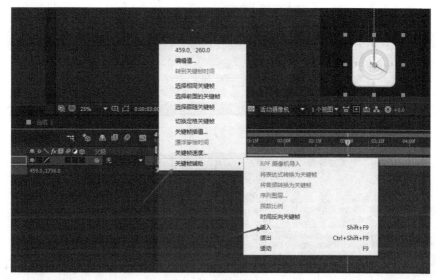

08 双击打开"时钟素材"层。

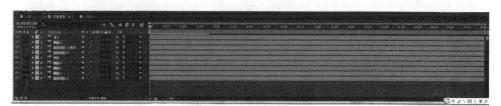

09 选中"秒针"层，选择工具栏中的【平移锚点】工具，将"秒针"的中心点移到"时钟"标志的中心处。

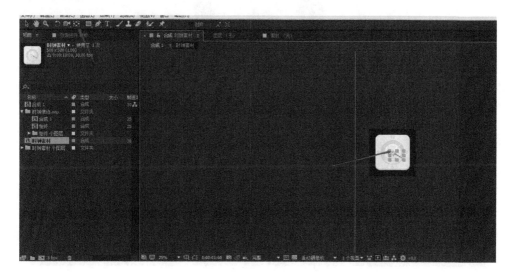

10 按快捷键【R】调出【旋转】属性，将【时间指针】调节至零秒零帧处，单击【旋转】前的【小码表】标志设置关键帧，此时【旋转】的数值不变。

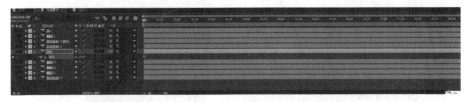

11 将【时间指针】调节至 1 秒处，调节【旋转】后的数值为【1】。

12 选择"圆角矩形 3 拷贝"层，选择工具栏中的【平移锚点】工具，将"圆角矩形 3 拷贝"的中心点移到"时钟"标志的中心处。

13 按快捷键【R】调出【旋转】属性，将【时间指针】调节 1 秒处，单击【旋转】前的【小码表】标志设置关键帧，此时【旋转】的数值不变。

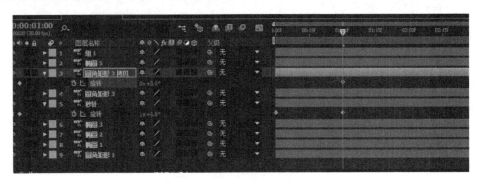

14 将【时间指针】调节至 2 秒处，调节【旋转】后的数值为【1】。

15 重复前两步，选择"圆角矩形 3"层，选择工具栏中的【平移锚点】工具，将"圆角矩形 3 拷贝"的中心点移到"时钟"标志的中心处。并分别在 2 秒和 3 秒处设置【旋转】关键帧，【旋转】的数值分别为【0】和【1】。

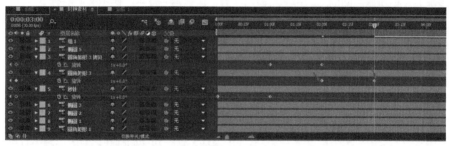

16 回到"合成 1"中，调节【时间标尺】的长度以确定工作区间，此处将工作区间设置为 3 秒 15 帧即可。

17 按快捷键【Ctrl+M】将选择好的工作区间添加到渲染列队，单击【输出到】后面的小字即可选择储存位置，选择好后单击【渲染】即可。

PRAT 6　手机界面动态效果制作

　　PART6 主要是针对之前学习的知识复习和结合，通过对具体案例的制作将之前分散的知识点综合运用，由点及面，使效果运用更加系统化来完成更加复杂的手机界面 UI 动效。

　　本部分的案例 20 需要主要学习的特效是【湍流置换】效果，通过对【湍流置换】功能的调节，以及对该功能中具体项的参数设置、数据调节、不同设置之间形成效果的差异对比，可以逐步理解并完成水波纹的波动效果。通过将【蒙版路径】和【水平翻转】这两个功能进一步植入在实际操作中，可以有效地增进对相关拓展功能的了解；对【蒙版路径】进行路径绘制、形状调整、路径之间的加减设置等的理解和【水平翻转】这一图像变换快捷功能的操作，可以进一步提高效果功能之间的实际转换和操作能力，达到举一反三、触类旁通的效果。

　　案例 21 我们将主要学习【表达式控制】中的【滑块控制】，虽然在之前的学习中对于【滑块控制】有过一些接触，但是本节将通过具体的实际案例操作，对相关参数进行可控的精准设置，进一步呈现出更加丰富和全面的效果，对【滑块控制】这一功能制作有了更加深刻的理解，使得可以实现自主预设效果、灵活设置参数来实现最终效果。另外本节的重点还包括对于图层属性与特效的【父子链接】关系的学习，这与之前学习的【父子链接】关系相似，能够在原来掌握的基础上更深一步理解图层之间的级别关系、图层之间效果的转换关系，所以掌握起来应该并不困难。本节的另一个重点是【表达式】的添加，这一功能同样在之前的学习中有所接触，所以是一个基础复习和深度巩固的过程。

　　案例 22 主要通过调节【关键帧】的移动速率来完成整个动画制作的精华，通过对于动效中最关键、最核心的关键帧的控制和调节来达到动效效果的完美化、细腻化。需要重点掌握的知识点是【编辑速度图表】的锚点调节以及【缓动】效果的添加，通过引入【编辑速度图表】这一新的知识点，让关键帧的设置和运动更加有据可依；将各个关键帧定位在图表之上操作，使得关键帧的操作更加图形化、具体化，实现运动效果、过度效果的精准化操作；另外本节还复习了【置换图】效果的应用和【梯度渐变】效果的应用，通过引入【置换图】效果，使得图层之间的替换变得简单便捷，可以有效提高图层调整、图像替换的效率；对于【梯度渐变】这一主要功能的引入，更加详细地理解渐变这一运用频率比较高的核心功能，使得在图层、图像渐变效果的调整上变得更加灵活，可以有效控制渐变区域、渐变颜色、渐变程度，数据设置的可控性进一步增强，渐变效果的灵活性和美观度也会产生质的提升。因此，这两个知识点也需要重点掌握。

　　案例 23 和案例 24 主要是针对之前所学知识的结合的复习与巩固，需要掌握的新知识有【混合选项】的调节和【cc power pin】效果的添加，在对【混合选项】这一设置的初步了解的基础之上，延伸进行对该功能相关调节面板的认知、相关属性的理解、相关参数设置的掌握，可以有效提高综合功能之间的操作运用能力；进一步实现对图层混合选项之间的深入理解，灵活有效地理解各种混合模式的参数设置、应用场景等。这两节大多数是之前学习过的知识点，所以基础知识的重要性在这两节动效的制作中不言而喻。

▶案例20　制作太阳升起手机界面动态效果

01 打开 After Effects，点击快捷键【Ctrl+N】新建一个合成图层，设置【宽度】为【720】,【高度】为【1280】,【持续时间】为【3秒】,【帧速率】设为【30】。

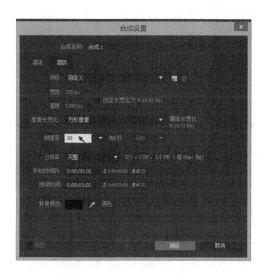

02 按快捷键【Ctrl+Y】新建一个纯色图层，命名为"水面"，颜色改为蓝色。

03 选中"水面层"，单击工具栏中的【效果】→【扭曲】→【湍流置换】。

04 选择【矩形工具】，在水面层上框出一个矩形框，如图所示。

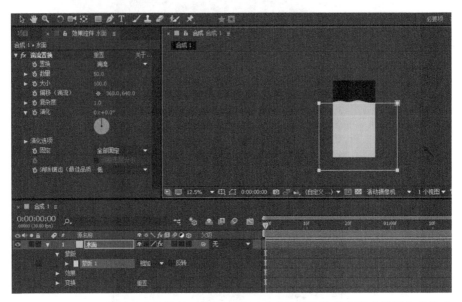

05 在 After Effects 面板的左上角的效果控件中设置【湍流置换】的参数，【数量】改为【35】，【大小】改为【186】。

06 将【时间指针】调节到零秒零帧处，单击【偏移】前的【小码表】标志设置关键帧，此时数值不变。

07 将【时间指针】调节到 1.5 秒处，将【偏移】的数值调整为【1300】左右。

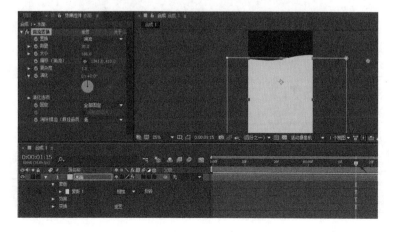

08 与前两步方法相同，分别在 0 秒、21 帧和 1.5 秒处添加【演化】关键帧，在 0 秒时数值为【0】，21 帧时数值为【150】，1.5 秒数值设为【300】。

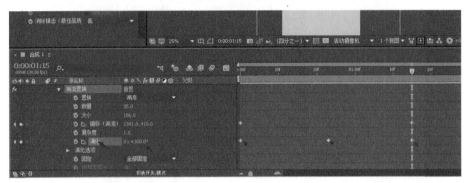

09 分别在 0 秒和 1.5 秒处添加【数量】关键帧，0 秒处数值不变，在 1.5 秒时【数量】的数值改为【0】。

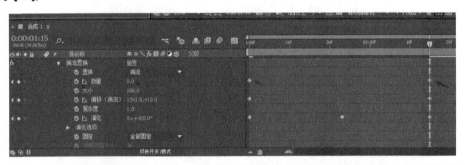

10 与前几步方法相同，分别在 0 秒和 1.5 秒处为图层添加【蒙版路径】关键帧，在 0 秒处将"水面"层缩小到画面外，在 1.5 秒处将"水面"层恢复。

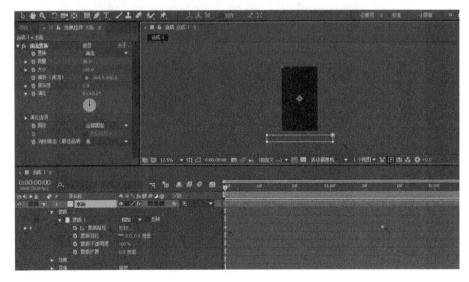

11 按快捷键【Ctrl+Y】新建一层纯色图层，颜色设为黄色，并置于"水面"层下面。

12 右键单击合成面板空白处，选择【新建】→【形状图层】，位置在"水面"层与"纯色层"中间。

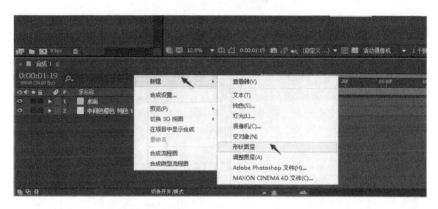

13 选中"形状图层"，在工具栏中选择【矩形工具】，鼠标左键长按住【矩形工具】的图标，此时会出现其他形状的绘制工具，单击【椭圆】，按住【Shift】键在画面中绘制一个正圆，选择【填充】为橙色，关闭【描边】选项。

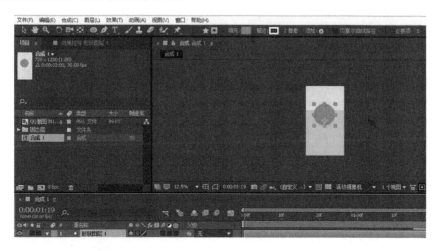

14 分别在 0 秒和 1.5 秒处添加【位置】关键帧，在 0 秒处调节【位置】的数值，使圆形的位置移动到画面外，在 1.5 秒处将圆形移动到画面中，如图所示。

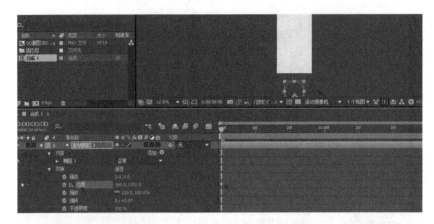

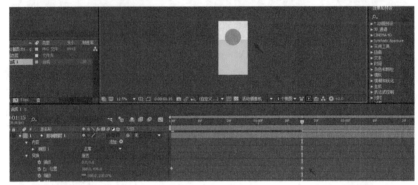

15 在项目窗口单击右键，选择【导入】→【文件】导入 PSD 自制云朵素材图层，导入种类为【合成－保持图层大小】，图层选项为【合并图层样式到素材】。

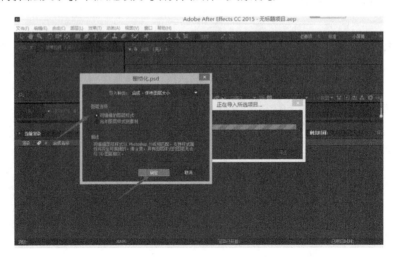

16 将导入的素材"未标题1"拖曳到"合成1"中。

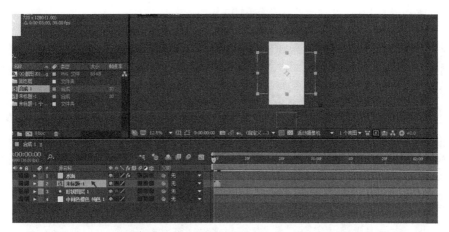

17 选中"未标题1"层，按快捷键【Ctrl+D】复制一层，并将两层"未标题1"都移动到1.5秒处。

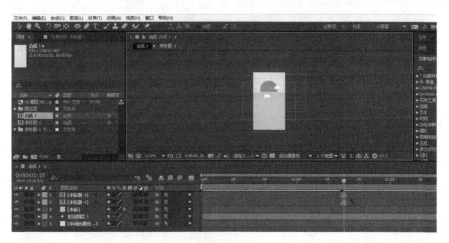

18 选中其中一层"未标题1"，单击右键，选择【变换】→【水平翻转】，将云朵图案翻转一下。

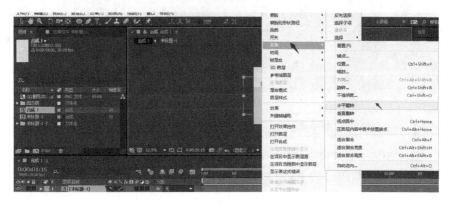

19 分别在 1.5 秒和 2 秒处给两层"未标题 1"添加【不透明度】关键帧，在 1.5 秒时将【不透明度】的数值设为【0】，2 秒时数值设为【100】。

20 按快捷键【Ctrl+M】将做好的动画添加到渲染队列。

▶案例21　制作星空效果手机界面动态效果

01 打开 After Effects，按快捷键【Ctrl+N】新建一个合成图层，设置【宽度】为【540】,【高度】为【960】,【持续时间】为【3 秒】,【帧速率】设为【30】。

02 在项目窗口单击右键，选择【导入】→【文件】，选择要导入的素材文件夹。

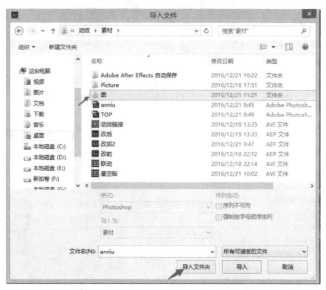

03 打开文件夹，将备注为"star"的图片直接拖曳到合成窗口中。

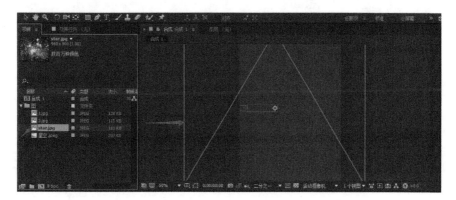

04 将备注为"星空"的图片直接拖曳到合成面板中，按住【Shift】键可以等比例调节图片大小，将"星空"图层拖至"star"图层下方。

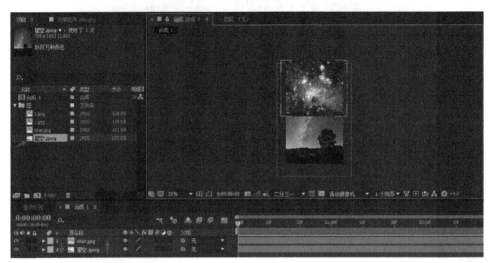

05 在项目窗口单击右键，选择【导入】→【文件】导入 PSD 自制素材"TOP"，导入种类为【合成 – 保持图层大小】，图层选项为【合并图层样式到素材】。

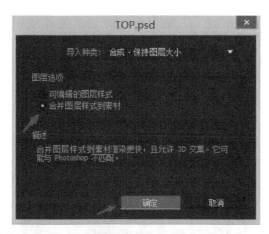

06 将"TOP"素材直接拖到图片上，调整好位置。

07 按快捷键【Ctrl+Y】新建纯色层，将【高度】调节为【260】，将颜色设置为蓝紫色。

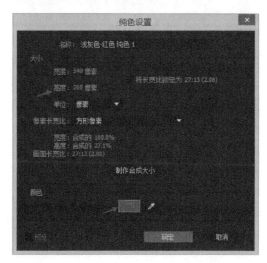

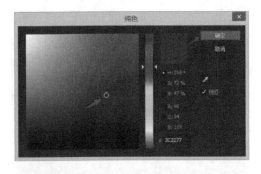

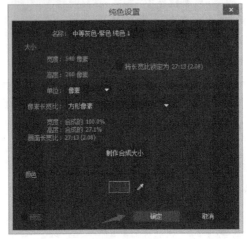

08 在项目窗口中单击右键，选择【导入】→【文件】，导入 PSD 自制素材"anniu"，导入种类为【合成－保持图层大小】，图层选项为【合并图层样式到素材】。

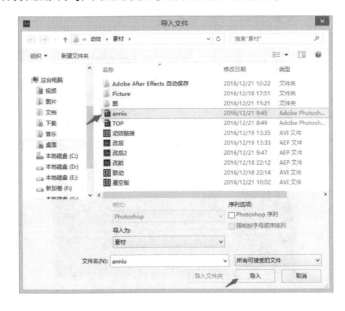

09 将"anniu"层拖曳至合成窗口中，并调节"纯色图层"和"anniu"层的位置。

10 按快捷键【Ctrl+Y】再新建一块纯色面板，将【高度】设置为【84】，颜色选择灰色。

11 选中"灰色图层"，按快捷键【T】调出【不透明度】属性，将数值调整为【80】。

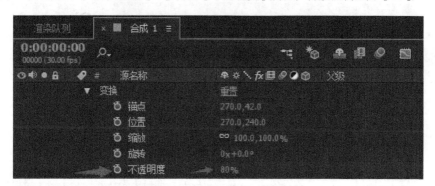

12 选择工具栏中的【文字工具】，在灰色框上输入文字"Slider Control"，字体颜色为白色，可在右边字符窗口适当调节字体和大小。

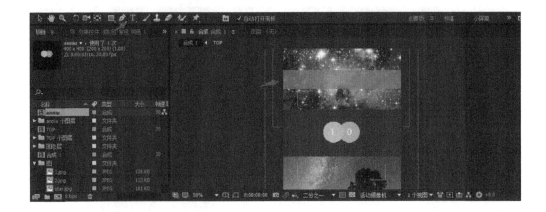

13 右键单击合成面板空白处，选择【新建】→【空对象】。

14 单击"空1"图层，打开"效果控件"，双击空白处，选择【表达式控制】→【滑块控制】。

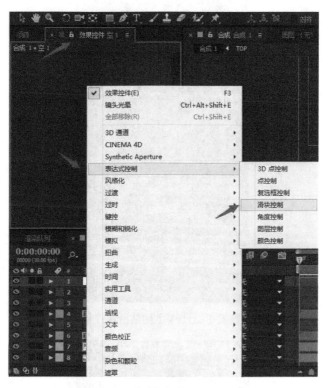

15 选中【滑块控制】，按快捷键【Ctrl+C】复制此效果。

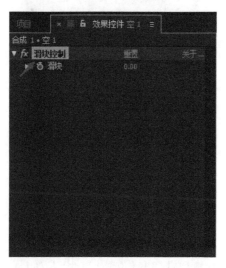

16 选择 "anniu" 图层，按快捷键【Ctrl+V】粘贴滑块控制效果。

17 再选中"蓝紫色图层",按快捷键【Ctrl+V】粘贴滑块控制。

18 选中"anniu"层,按快捷键【P】调出【位置】属性,按住【Alt】键单击【位置】前的【小码表】标志,此时会出现【表达式】属性,单击【表达式:位置】后的【螺旋】标志,将其拖

曳至效果控件【滑块】上，为其添加链接。

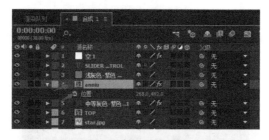

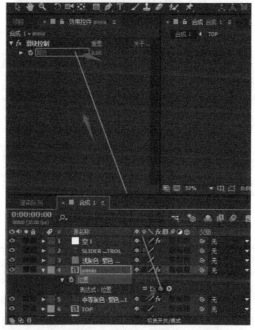

19 此时我们会发现"anniu"层出现在画面左上角的位置，更改【滑块】后的数值预览发现它会从上斜着往下移动，这说明此链接有故障需要修改。

20 选中"anniu"层，快捷键【P】调出【位置】属性，单击右键选择【单独尺寸】。

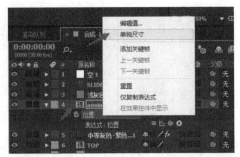

21 按住【Alt】键，单击【Y位置】前的【小码表】标志添加表达式，并在表达式中输入"value+"。

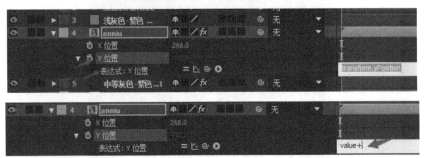

22 单击【Y位置】后的【螺旋】标识，将其拖曳至表达"value+"处别松开，再拖动到【滑块】处。

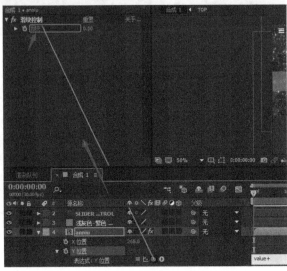

23 此时的表达式如图所示。

24 而此时又出现一个问题，改变【滑块】数值时"anniu"层并不会动，这就需要我们在输入表达式之前，先选中"空 1"这一图层，然后进行操作，添加链接。

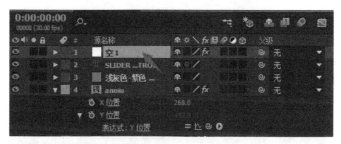

25 选中"空 1"图层后，在表达式前再输入"value+"，然后添加链接。

26 此时的表达式如图所示。

27 我们将"表达式"复制下来，然后粘贴到"蓝紫色图层"，再粘贴到"star"和"星空"层。

28 选中"空 1"层，再新建一个【滑块控制】。

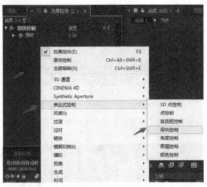

29　将【时间指针】调节至零秒零帧处，单击【滑块】前的【小码表】标志设置关键帧，确保此时数值为【0】。

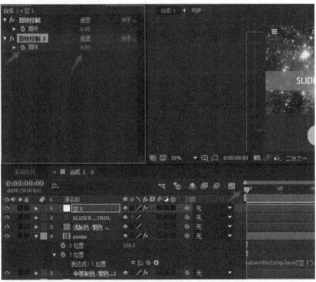

30　将【时间指针】移动至2秒处，更改【滑块】数值为【100】。

31 选中"空 1"层,单击【滑块控制】→【滑块】,按住【Alt】键单击【滑块】前的【小码表】标志。

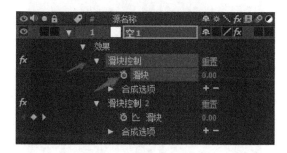

32 此时出现滑块表达式,单击【表达式:滑块】后的【螺旋】标识,将其拖曳至【滑块控制 2】处的【滑块】上。

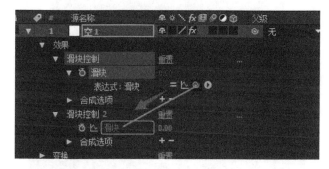

33 此时预览效果会发现画面整体下移的距离有点远,效果不明显,我们可以在【滑块表达式】后面加上"*1.1"。

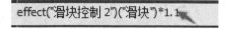

34 选中"star"图层,按快捷键【S】调出【缩放】属性。

35 按住【Alt】键单击【缩放】前的【小码表】标志,出现缩放表达式。

36 单击【表达式:缩放】后的【螺旋】标识,将其拖动到【滑块控制 2】的【滑块】处。

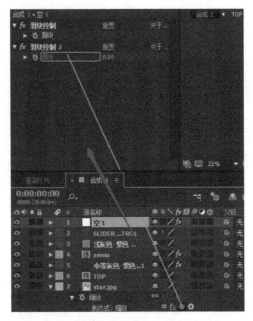

37 此时的表达式如图所示。

38 为了效果更佳,我们在表达式中"[temp,temp]"前加入"+value",并将这一表达式复制下来。

```
temp = thisComp.layer("空 1").effect("滑块控制 2")("滑块");
+value[temp, temp]*0.1
```

39 选中"文字"图层，按快捷键【S】调出【缩放】属性。

40 同样按住【Alt】键单击【缩放】前的【小码表】标志添加表达式，将刚复制的表达式指令粘贴，然后我们的动态交互链接就制作完成了。

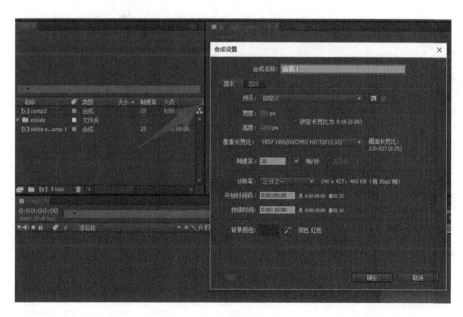

案例22　制作向上滑动的手机界面动态效果

01 打开 After Effects，按快捷键【Ctrl+N】新建一个合成图层，设置【宽度】为【720】,【高度】为【1280】,【持续时间】为【10 秒】。

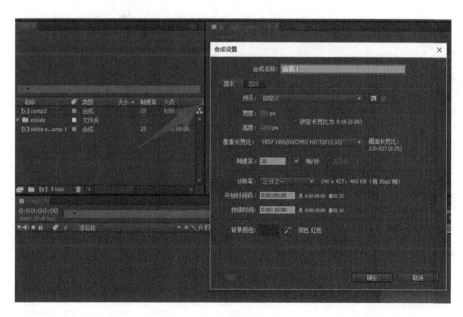

02 在项目窗口中单击右键，选择【导入】→【文件】导入 PSD 自制素材图层，导入种类为【合成－保持图层大小】，图层选项为【合并图层样式到素材】。

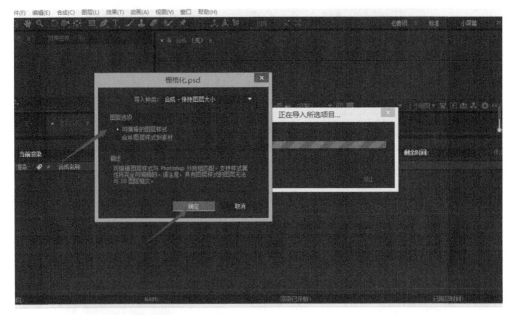

03 将导入的素材拖动到新建的合成中。

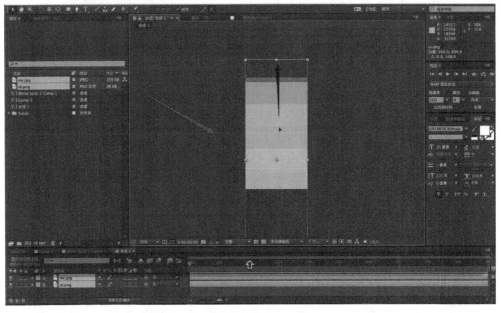

04 调换图层顺序，将"ui"层置于"mc"层上方。

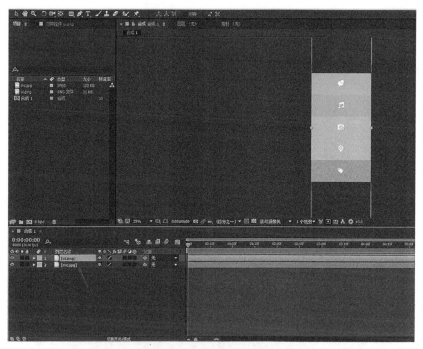

05 右键单击合成面板空白处，选择【新建】→【空对象】。

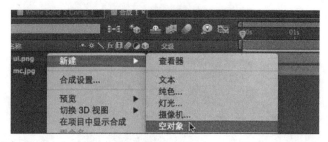

06 按住【Shift】键同时选中两个素材层，单击【父级】下方的【螺旋】标志，将其拖曳至"空1"层处，这样"素材层"就成为了"空对象"的子级。

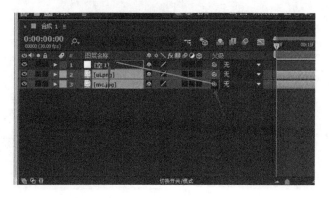

07 选中"空1"层，按快捷键【P】调出【位置】属性，将【时间指针】移动到零秒零帧处，调整【位置】的数值，使图片底部与画面重合，如图所示。

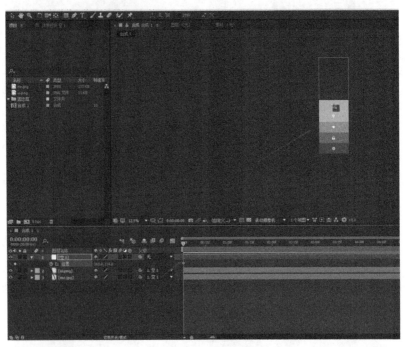

08 将【时间指针】调节到1.5秒处，调节【位置】的数值，将图片的顶部移至与画面重合。

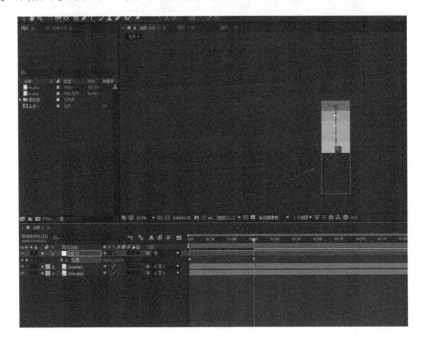

09 将【时间指针】调节至 2 秒处，单击位置前的【关键帧】方块添加一个关键帧，此时数值不变。

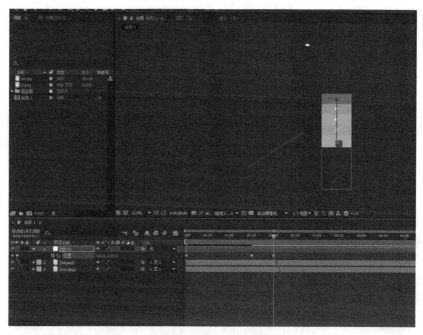

10 将时间指针移动到 3.5 秒，复制 0 秒的关键帧粘贴到此处。

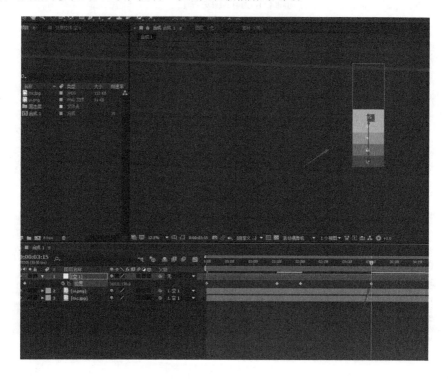

11 选中【位置】属性，单击【图表编辑器】。

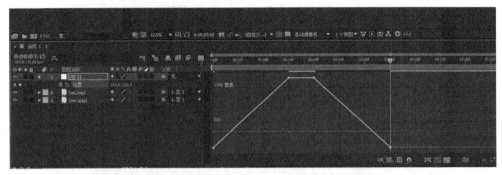

12 在时间轴下方单击【选择图形类型和选项】→【编辑速度图表】。

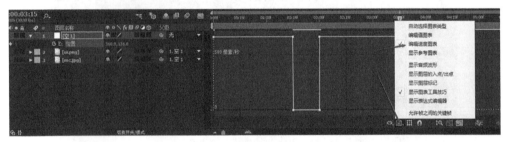

13 选中所有关键帧锚点，单击时间轴右下方的【缓动】。

14 调节锚点把手，将两侧的把手向中间拉。

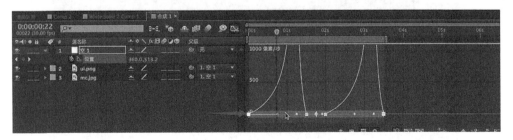

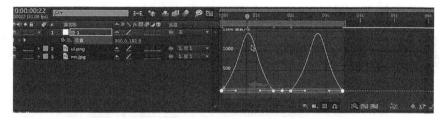

15 右键单击合成面板空白处，选择【新建】→【调整图层】。

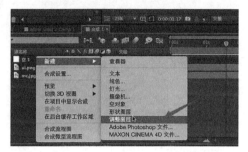

16 选中"调整图层1"，单击【效果】→【扭曲】→【置换图】。

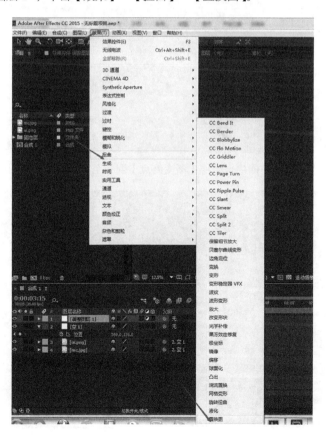

17 按快捷键【Ctrl+Y】新建一个纯色图层。

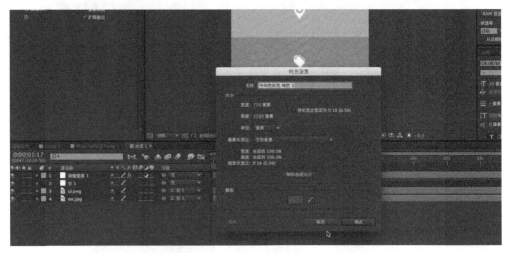

18 在 After Effects 面板右侧的【效果与预设】中搜索"渐变"，双击选择【梯度渐变】。

19 把【渐变起点】调节至左侧中点，将【渐变终点】调节至右侧中点，如图所示。

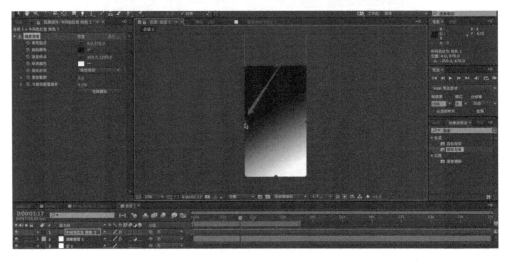

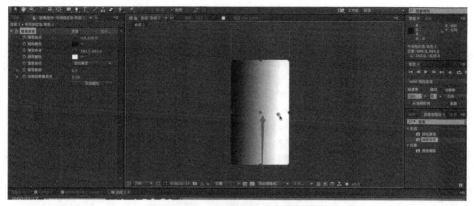

20 直接调节【渐变起点】和【渐变终点】的数值亦可，数值如图所示。

21 按快捷键【Ctrl+Shift+C】添加预合成，选择【将所有属性移动到新合成】。

22　选中"纯色预合成",将前方的【眼睛标志】关掉,以免阻碍你的视线。

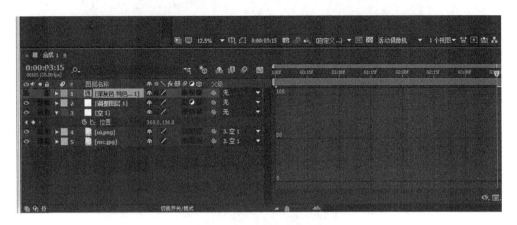

23　选中"调整图层1",在上方效果控件中把【置换图层】改成【中间色纯色模板】,如图所示。

24　把【置换图】的【最大水平置换】的数值改成【0】,防止图形有所扭曲。

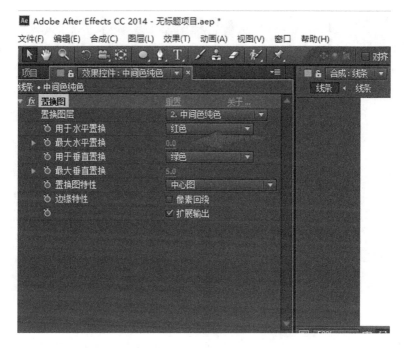

25 双击打开"纯色预合成"，在右侧效果与预设中搜索"镜像"，双击选择。

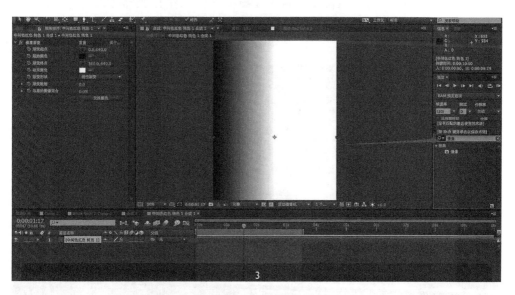

26 将【镜像】的【反射中心】调节至画面中心。

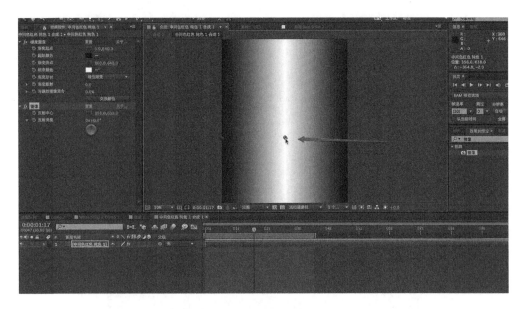

27　最后回到"合成1"渲染即可。

▶案例23　制作手机图标动态效果

01　打开 After Effects，在项目窗口单击右键【导入】→【文件】，选择需要的 PSD 素材，导入种类为【合成 – 保持图层大小】，图层选项为【合并图层样式到素材】。

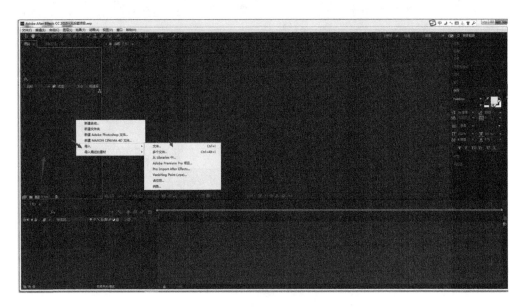

02 双击打开"素材 1"。

03 打开素材后我们会发现部分图层出现遮挡现象，需要进一步调节。

04 选择"Callender"图层，双击打开。

05 双击后该图层会单独显示，选择"Shadow"层，单击右键选择【混合选项】→【变暗】，此时"日历"图标便会恢复正常，如图所示。

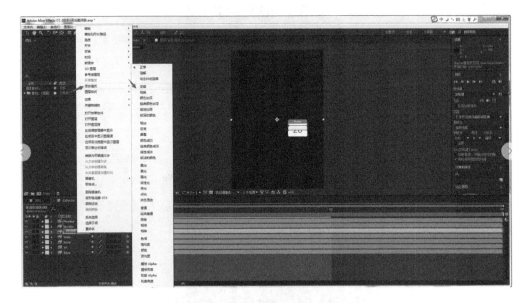

06 单击【关闭】关闭日历图层。

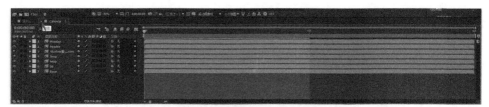

07 完成以上步骤，回到"素材1"，开始动画制作，双击打开"Clock"图层。

08 在工具栏中选择【中心点工具】，将每一层的中心点对到图标的中心，如图所示。

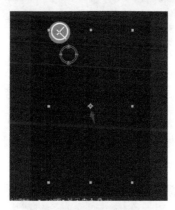

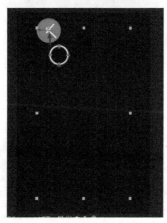

09 重复上一步骤，将每一层的中心点对齐到该图标的中心。

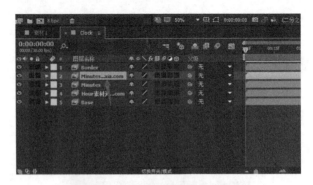

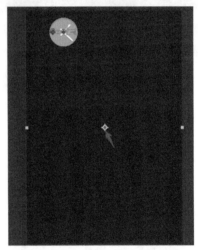

10 完成中心点对齐后，选中"Base"图层。

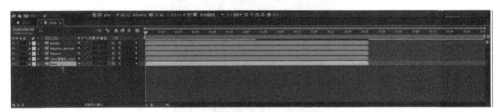

11 将【时间指针】调到零秒零帧处，单击【缩放】前的【小码表】标志设置关键帧，并将后方数值改为【0】。

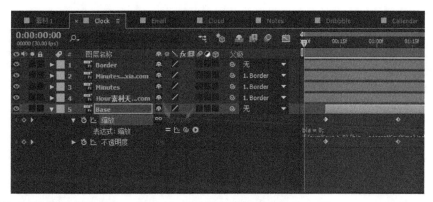

12 再将【时间指针】调整的 1 秒处，把【缩放】的数值改为【100】。

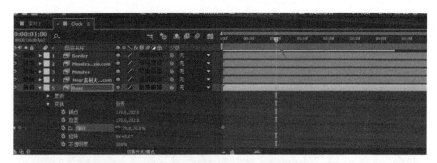

13 按住【Alt】键并同时单击【缩放】前的【小码表】标志，此时右侧时间轴上会出现【表达式】
的窗口。

14 打开之前准备好的表达式文件，并复制。

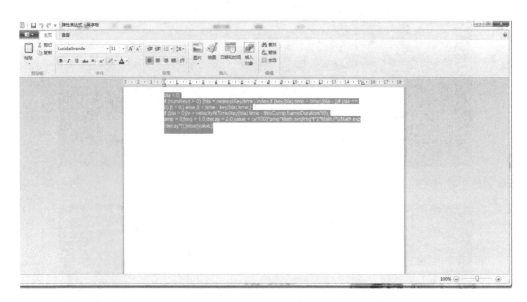

15 回到 After Effects，将表达式复制到【表达式】的空白处。

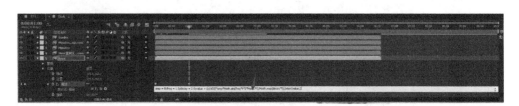

16 用同样的方法将"Base"层的【旋转】添加动态变化，分别在 0 秒和 1 秒处添加【旋转】关键帧，0 秒时数值为【90】度，1 秒时数值为【0】度，并为其添加弹性表达式。

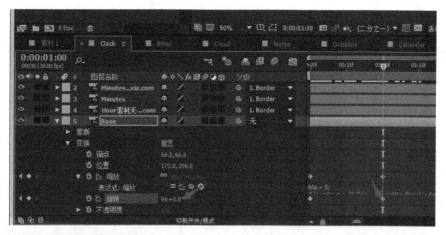

17 按住【Shift】键同时选择第 2、3、4 层。

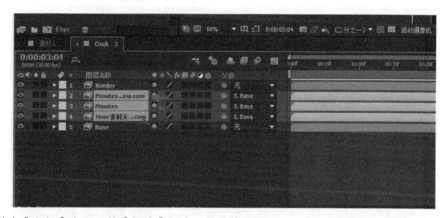

18 单击【父级】窗口下的【螺旋】标志,按住拖曳到"Border"层,此时,"Border"层便成为了第 2、3、4 层的父级。

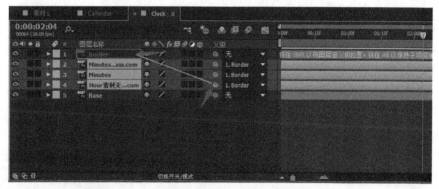

19 打开"Base"层前的【小三角】标志,选择"Base"中【缩放】和【不透明度】中的关键帧,并按快捷键【Ctrl+C】复制。

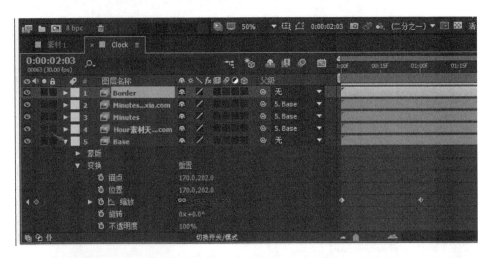

20 再选中"Border"图层，然后按【Ctrl+V】复制。（这里需要注意复制时【时间指针】要在零秒零帧处。）

21 这样刚复制的"Base"层中的关键帧就复制到"Border"层了。

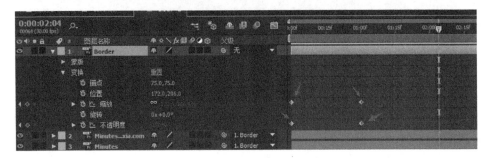

22 为了让动效更加自然，我们需要将"Base"层和其他层错帧，就是将Base层的出现时间后移。

23 此时"clock"图标的动态效果就做好了，可以关闭"clock"并在"素材1"中查看效果。

24 按照以上步骤重复选择其他图标并为其添加特效即可（注意中心点的对齐、和复制关键帧时指针要在零秒零帧处。）

25 全部图标的动态制作完成后，更改合成设置使其适应手机屏幕大小，右键单击项目面板空白处，选择【合成设置】。

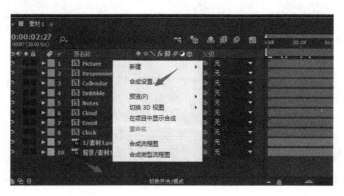

26 【宽度】为【720】,【高度】为【1280】,【帧速率】为【30】。

27 用之前的方法【导入】"素材 2",并双击打开。

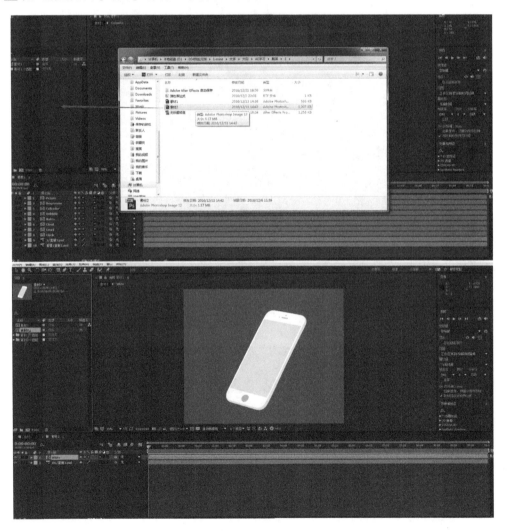

28 将"素材 1"在项目面板中直接拖入"素材 2"中。

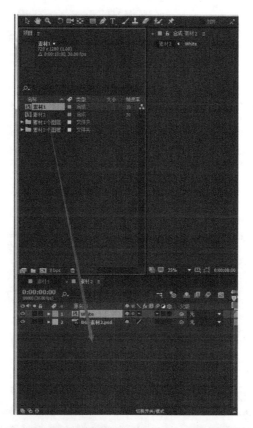

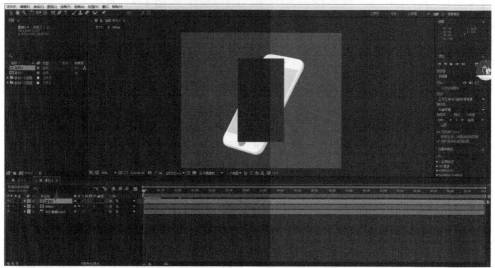

29 选中"素材 1",在菜单栏中单击【效果】→【扭曲】→【CC Power Pin】。

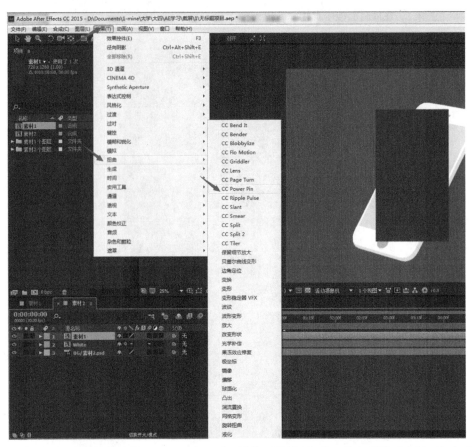

30 单击效果控件窗口中的【CC Power Pin】，并将"素材 1"的 4 个角对准"素材 2"中手机屏幕的 4 个角。

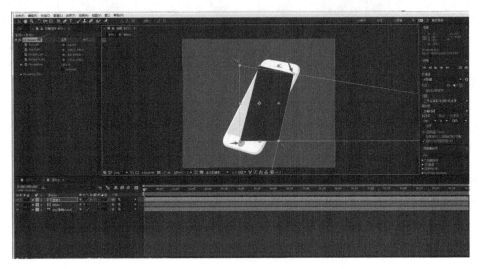

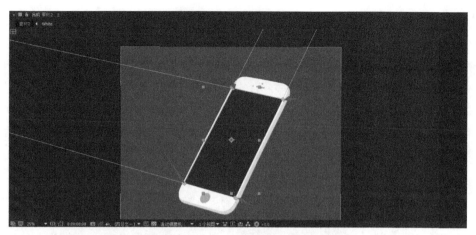

31 回到"素材 1",将图标的出现顺序和在屏幕中的大小进行调整。

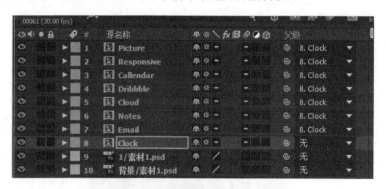

32 选中"素材 1"中的所有图标图层。（此处要注意选择的顺序，我们这里需要从下向上选择，即先选择 Clock 图层，最后选择 Picture 图层。）

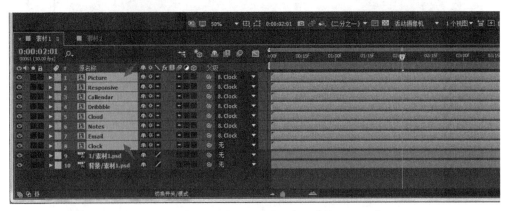

33 选中所有图标图层后，单击右键选择【关键帧辅助】→【序列图层】。

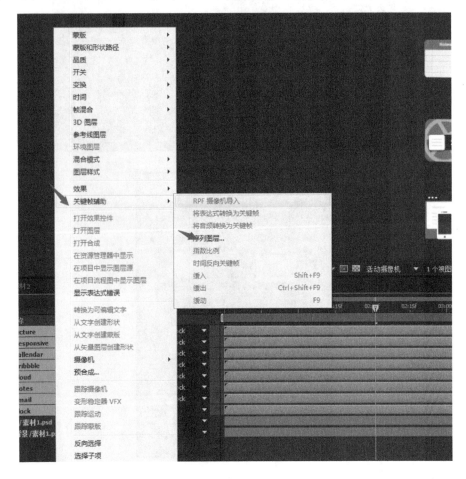

34 勾选【重叠】选项，并将【持续时间】设置为 9 秒 29，单击【确定】即可。

35 设置完成后，"素材 1"将会出现如图所示的智能错帧效果。

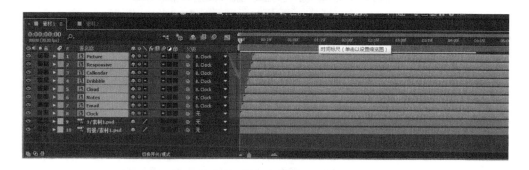

36 此时回到"素材 2"，将【工作区间】的时间针移到 4 秒处，这样可以只渲染工作区间内的动画。

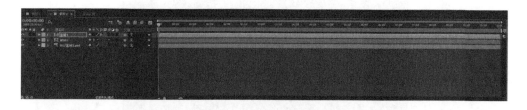

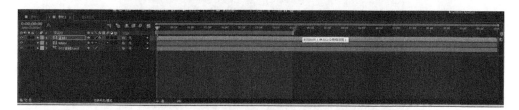

37 单击菜单栏中的【合成】→【添加到渲染列队】，将"素材 2"渲染出来。

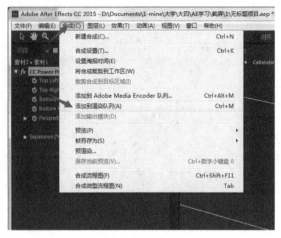

38 在渲染列队中单击【输出模块】可对渲染的格式以及质量进行选择，此处我们保存为 AVI 格式。

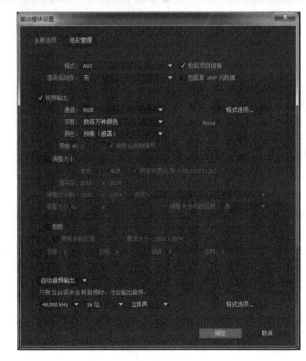

39 单击【输出到】可以选择你要保存的输出动画的位置。

40 设置好以上选项后，即可单击【渲染】。

案例24　制作手机延迟动态效果

01 打开 After Effects，按快捷键【Ctrl+N】新建一个合成图层，设置【宽度】为【800】,【高度】为【600】,【持续时间】为【10秒】。

02 按快捷键【Ctrl+Y】新建一个固态层，命名为"方块1"，并将尺寸【宽度】设置为【200】,

【高度】为【50】，颜色设置为红色。

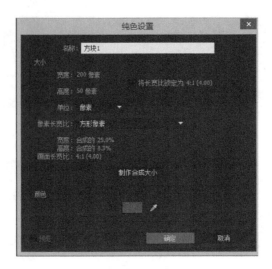

03 右键单击合成面板空白处，选择【新建】→【空对象】。

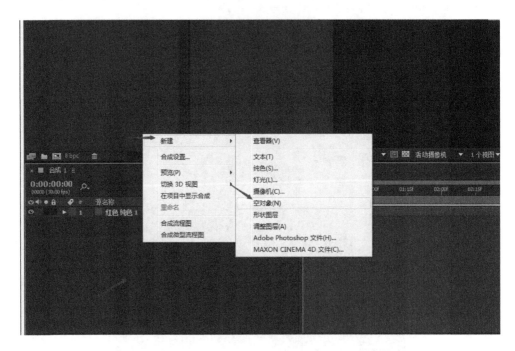

04 选中"方块1"层，按快捷键【Shift+Ctrl+C】将"方块1"添加到预合成中，并选择【将所有属性移动到新合成】。

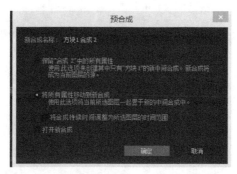

05 双击打开"方块 1 合成 1"，按快捷键【P】打开【位置】属性，按住【Alt】键单击【位置】前的【小码表】标识添加表达式。

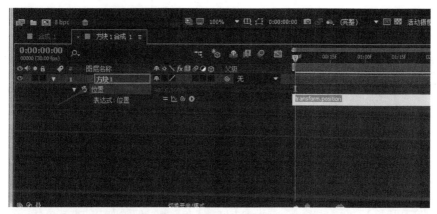

06 拖曳"方块 1 合成 1"图层，使其与"合成 1"并列排放，如图所示。

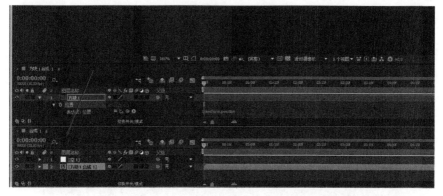

07 单击"方块 1"下【表达式：位置】后的【螺旋】标识，并将其拖曳至"空 1"图层的【位置】属性处。

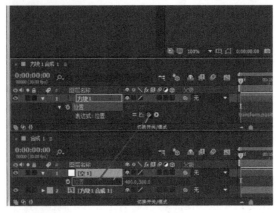

08 关闭"方块1合成1"，并在"合成1"中单击"方块1合成1"的【螺旋】标志将其拖曳到"空1"。

09 分别在0秒和1秒处为"空1"层设置【位置】关键帧，使画面中的小方块有一个从左到右的位移。

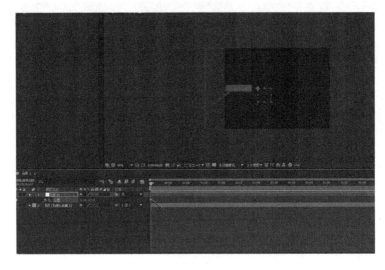

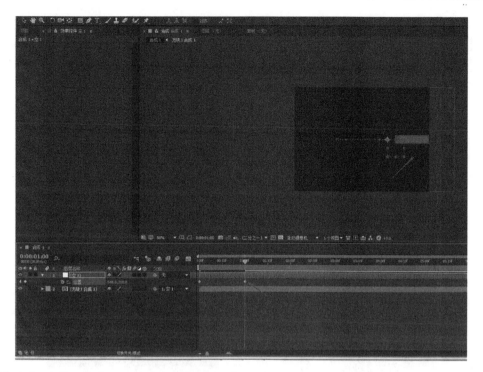

10 选中"方块 1 合成 1",按快捷键【Ctrl+D】将其复制 4 份,并分别调节 4 份"方块 1"的【位置】属性,将其在画面中并列排放,如图所示。

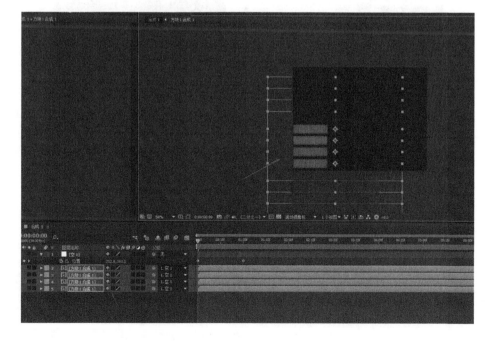

11 将4个"方块1合成1"进行错帧排序，选中4个"方块1合成1"图层，单击鼠标右键选择【关键帧辅助】→【序列图层】，然后勾选【重叠】属性，将【持续时间】设置为9秒29。

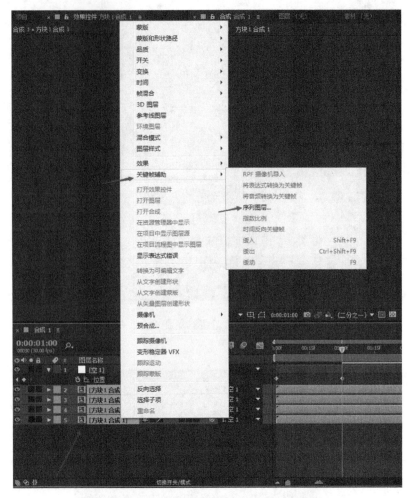

12 此时的图层如图所示。

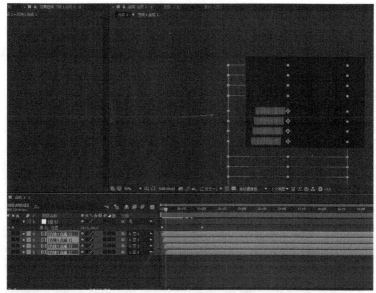

13 根据以上步骤，再复制 3 份"方块 1 合成 1"并排放在上方。

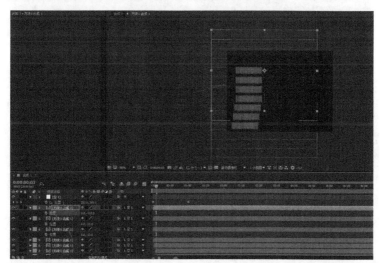

14 重复第 11 步，将新复制的"方块 1"错帧。(此处需注意选择图层时要从下向上选择，即先选择第 5 层。)

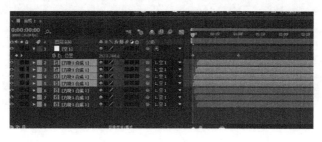

15 此时滑块向右滑动的效果就制作完成了，下面需要制作滑块从右侧回到左侧的动画，此时只需选中"空1"层，并分别在1秒15帧和2秒15帧处添加【位置】关键帧，在1秒15帧时单击【位置】前的【菱形】关键帧标志，保持数值不变，在2秒15帧时调整【位置】的数值，使滑块滑动到画面左侧，如图所示。

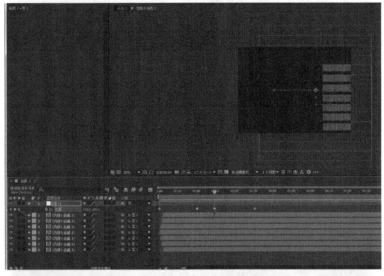

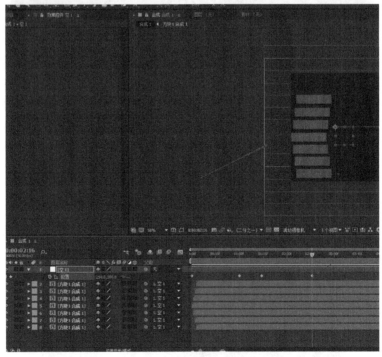

欢迎来到异步社区！

异步社区的来历

异步社区（www.epubit.com.cn）是人民邮电出版社旗下 IT 专业图书旗舰社区，于 2015 年 8 月上线运营。

异步社区依托于人民邮电出版社 20 余年的 IT 专业优质出版资源和编辑策划团队，打造传统出版与电子出版和自出版结合、纸质书与电子书结合、传统印刷与 POD 按需印刷结合的出版平台，提供最新技术资讯，为作者和读者打造交流互动的平台。

社区里都有什么？

购买图书

我们出版的图书涵盖主流 IT 技术，在编程语言、Web 技术、数据科学等领域有众多经典畅销图书。社区现已上线图书 1000 余种，电子书 400 多种，部分新书实现纸书、电子书同步出版。我们还会定期发布新书书讯。

下载资源

社区内提供随书附赠的资源，如书中的案例或程序源代码。

另外，社区还提供了大量的免费电子书，只要注册成为社区用户就可以免费下载。

与作译者互动

很多图书的作译者已经入驻社区，您可以关注他们，咨询技术问题；可以阅读不断更新的技术文章，听作译者和编辑畅聊好书背后有趣的故事；还可以参与社区的作者访谈栏目，向您关注的作者提出采访题目。

灵活优惠的购书

您可以方便地下单购买纸质图书或电子图书，纸质图书直接从人民邮电出版社书库发货，电子书提供多种阅读格式。

对于重磅新书，社区提供预售和新书首发服务，用户可以第一时间买到心仪的新书。

用户账户中的积分可以用于购书优惠。100 积分 =1 元，购买图书时，在 ⌞0⌟ ⌞使用积分⌟ 里填入可使用的积分数值，即可扣减相应金额。

纸电图书组合购买

社区独家提供纸质图书和电子书组合购买方式，价格优惠，一次购买，多种阅读选择。

社区里还可以做什么？

提交勘误

您可以在图书页面下方提交勘误，每条勘误被确认后可以获得100积分。热心勘误的读者还有机会参与书稿的审校和翻译工作。

写作

社区提供基于 Markdown 的写作环境，喜欢写作的您可以在此一试身手，在社区里分享您的技术心得和读书体会，更可以体验自出版的乐趣，轻松实现出版的梦想。

如果成为社区认证作译者，还可以享受异步社区提供的作者专享特色服务。

会议活动早知道

您可以掌握 IT 圈的技术会议资讯，更有机会免费获赠大会门票。

加入异步

扫描任意二维码都能找到我们：

异步社区	微信服务号	微信订阅号	官方微博	QQ 群: 436746675

社区网址：www.epubit.com.cn

投稿 & 咨询：contact@epubit.com.cn